Dinosaures, crocodiles et coccinelles

PHILIPPE TAQUET

Dinosaures, crocodiles et coccinelles

Les tribulations d'un naturaliste

Odile Jacob

3, rue Auguste-Comte, 75006 Paris

www.odilejacob.fr

ISBN : 978-2-4150-1371-4

À ma compagne.
À mes enfants.
À mes petits-enfants.

« Tout homme plongé dans la science subit de bas en haut une poussée verticale susceptible de lui remonter le moral. »

Pierre DESPROGES.

Avant-propos

Arrivé au terme d'une vie consacrée à l'histoire naturelle et à l'étude de mes espèces fossiles favorites, les dinosaures, je me suis amusé à raconter sous une forme biographique quelques anecdotes étonnantes et cocasses qui ont marqué ma carrière de chercheur, de directeur du Muséum et d'académicien.

Quatorze chapitres rassemblent un florilège de mes tribulations de naturaliste : découvertes de squelettes fossiles dans le Sahara, voyages dans le passé de la Terre, visites de scientifiques passionnés aux quatre coins de la planète, rencontres de personnalités du monde politique, intellectuel et artistique, liens privilégiés avec les nomades du Niger, les bergers de l'Atlas marocain, les Amérindiens de la côte ouest du Canada et les paysans du Laos.

Le naturaliste que je suis a eu la chance et le plaisir de côtoyer des crocodiles et des autruches, des éléphants et des dromadaires, des coccinelles et des lucioles, des ginkgos et des cèdres, ainsi que des spécimens humains très variés : empereurs, reines, chefs d'État, ministres, administrateurs, architectes et artistes, intellectuels et manuels.

J'ai choisi de décrire quelques histoires drolatiques et inattendues qui ont agrémenté mes journées. Avoir une vocation efface complètement les notions de travail et de loisir. Faire de son métier sa passion, c'est vivre des grandes vacances permanentes, c'est également supporter les aléas de l'existence, la maladie, le handicap, la souffrance et les deuils.

Puisse le récit de ces tribulations vous distraire et vous instruire.

CHAPITRE I

Sarco, l'empereur des crocodiles

Lorsque j'étais petit, ma mère me fredonnait une célèbre chansonnette :

Ah, les crocrocros, les crocrocros, les crocodiles,
Sur les bords du Nil, ils sont partis, n'en parlons plus !

Je ne pouvais savoir qu'un beau jour, je trouverai un crocodile, un crocodile africain géant et très vieux, pas très loin des bords du Nil.

Au début du mois de janvier 1965, alors que je venais de terminer ma thèse de troisième cycle, le directeur de mon laboratoire me reçoit dans son bureau pour me faire part d'une annonce importante. Des géologues du Commissariat atomique viennent de découvrir dans le désert du Sahara au Niger des restes osseux fossiles. Ils souhaitent qu'un chercheur paléontologue vienne sur place expertiser ces restes pour essayer de préciser l'âge des couches géologiques de la région où ils ont été découverts. : « Seriez-vous d'accord pour vous rendre sur le terrain dans le désert du Ténéré ? »

J'ai 25 ans, je ne suis jamais allé en Afrique, j'ai fait des études de géologie et de paléontologie et je rêve de découvrir de nouveaux fossiles de vertébrés. Ma réponse est sans hésitation positive. Mon professeur ouvre alors le tiroir de son bureau et me dit :

« Parfait ! Prenez ce billet d'avion payé par le CEA ; vous partirez par le premier avion pour Niamey. N'oubliez pas de prendre de la nivaquine pour éviter d'attraper le paludisme. »

Inutile de dire que mon paquetage fut rapidement bouclé. J'ai une chance extraordinaire de pouvoir me rendre dans un pays que je ne connais pas et de faire mes premières armes de paléontologue professionnel.

Quelques jours plus tard, je prends place dans un avion de la compagnie UTA qui me dépose après six heures de vol sur le tarmac de l'aéroport de Niamey. À la descente de l'avion, la chaleur, les cris, les chants, les costumes, les bruits, les odeurs me plongent dans un univers complètement nouveau pour moi. À peine le temps d'une nuit dans un hôtel, je monte le lendemain matin dans un bimoteur à hélices, un antique DC3, pour gagner la ville d'Agadès située à 700 kilomètres au nord-est de Niamey.

Arrivé à destination l'avion commence sa descente et effectue un tour complet de la piste d'atterrissage. Par le hublot j'aperçois, un sol rouge latéritique, ainsi qu'une petite troupe de cavaliers montant la garde. Ils sont disposés autour du terrain d'aviation pour empêcher les dromadaires de traverser la piste !

À la descente de l'avion, un comité d'accueil composé de géologues, d'ingénieurs et de sondeurs me souhaite la bienvenue et tous éclatent de rire. Ils attendaient l'envoyé du Muséum, un homme âgé, barbu, muni d'une canne et ils découvrent un jeune chercheur décontracté !

À peine les salutations terminées, je monte dans un 4×4 Renault et en route pour l'aventure. 150 kilomètres à parcourir dans une brousse arbustive et sur une piste à peine tracée ; un bref arrêt au puits d'Eméchédoui à l'est d'Agadès, et le camion se faufile entre de belles dunes en croissant : des barkhanes. Il s'agit alors de franchir ces obstacles, d'éviter l'ensablement et d'emprunter une piste étroite tracée par les caravanes. Rien de plus simple, des crottes de dromadaires jonchent le sol en grand nombre et indiquent le bon passage. Puis il faut traverser un champ de dunes à mottes, particulièrement pénible, qui secoue le camion et ses passagers en tous sens. On navigue à la boussole accrochée au plafond de la voiture et au kilométrage, le GPS n'existe pas encore. En fin de journée, fourbus, assoiffés, nous atteignons le camp des prospecteurs installé dans une solitude totale sur un sable immaculé.

Le lendemain, les géologues m'emmènent au pied d'une petite falaise, en un lieu nommé Gadoufaoua par les Touaregs, un nom tamasheq signifiant « ressaut qui fait peur aux chameaux lors de son franchissement ». Là se trouve un endroit extraordinaire qui me laisse bouche bée. Sur une grande surface, des colonnes vertébrales entières dégagées par le vent de sable sont étalées sur le sol. Il est très facile de voir qu'il s'agit de squelettes de dinosaures, un gisement de vertébrés fossiles que les géologues du CEA ont baptisé « le cimetière des Innocents ».

Ces fossiles sont enrobés dans un grès assez friable ; ce grès témoigne de la présence d'alluvions fluviatiles, déposées autrefois lors de crues soudaines et catastrophiques.

Des ossements fossiles ayant appartenu à des dinosaures, des crocodiles, des tortues, des poissons jonchent le sol par milliers à perte de vue.

Je suis stupéfait devant ce spectacle inattendu ; je repère non loin de là, près de deux acacias, deux squelettes assez complets de dinosaures dont les os sont à peine dégagés de leur gangue rocheuse par le vent de sable. Sur le sol d'énormes dents de crocodiles, dont les plus grosses atteignent 14 centimètres de longueur, des plaques dermiques de crocodiles impressionnantes de 33 centimètres de longueur et de 15 centimètres de largeur. Le gisement de Gadoufaoua est exceptionnel par la richesse et la diversité de ses fossiles.

À l'issue de cette journée inoubliable, je m'endors sous la voûte céleste la tête dans les étoiles. Le calme du désert est fascinant, si intense, que l'on entend le silence ! Au point que de temps en temps un léger frottement proche de ma tente trahit le passage très discret d'une gerboise, petit rongeur à longue queue, nocturne, bondissant sur des pattes que l'on croirait montées sur ressort.

Quelques jours de prospection sur le gisement, la récolte de petits échantillons transportables, la visite des environs en Land Rover, la découverte de bandes de gracieuses gazelles *dorcas*, filant comme des flèches, un couple d'autruches et leurs autruchons, le mâle jouant l'oiseau blessé tandis que la femelle prend la fuite discrètement avec ses petits, un serpent cracheur, *Naja nigricollis* (attention de ne pas s'approcher pour éviter la projection de venin dans les yeux), une tortue des sables *géochelone*, quelques scorpions, et il faut déjà regagner la France.

À Agadès, j'admire sur la base du CEA un superbe crâne de crocodile récolté à Gadoufaoua peu auparavant par les géologues. Cette pièce exceptionnelle mesure 1,70 mètre de longueur avec un museau très allongé et 75 centimètres de largeur en arrière. À Niamey j'obtiens des autorités nigériennes, et avec l'aide de Pablo Toucet, directeur du remarquable musée national, l'autorisation d'un transport à Paris au Muséum afin d'étudier ce crâne. La compagnie Air Afrique a accepté de prendre en charge ce colis qui pèse 270 kilos en échange d'une opération publicitaire.

L'arrivée à Paris de ce passager ne passe pas inaperçue. Un grand quotidien montre en première page un dessin humoristique du célèbre auteur de bande dessinée, Alain Saint-Ogan, créateur de *Zig et Puce* et de leur pingouin Arthur. Ce dessin montre un vieux monsieur confortablement installé dans son fauteuil, lisant un titre en première page du journal, sa femme étant debout derrière lui :

« Un crocodile de 100 millions d'années découvert au Niger ! »

Le vieux monsieur interpelle sa femme et lui dit :

« Et tu voudrais que le sac à main que je t'ai offert l'année dernière soit déjà usé ! »

Au laboratoire, j'entreprends un long travail de dégagement des os du grès qui entoure encore le fossile, à l'aide d'un petit marteau-piqueur. Peu à peu le crâne est entièrement préparé ; il est impressionnant avec son museau allongé et ses énormes orbites.

La mission au Niger est réussie. La preuve est faite qu'un gisement insoupçonné et spectaculaire de dinosaures et de crocodiles est présent dans le désert du Ténéré. Il est aujourd'hui l'un des plus célèbres gisements d'Afrique.

L'étude de ce crâne consiste alors à comparer son anatomie, ses caractéristiques, la position et la forme de ses os, à celles des crânes des autres espèces de crocodiles présentes aujourd'hui dans la nature, mais aussi aux crânes des crocodiles fossiles déjà découverts et décrits. Le résultat de cette étude anatomique nous a montré, à ma collègue France de Broin et à moi, que ce crocodile était nouveau pour la science, qu'il présentait beaucoup d'affinités avec un autre crocodile à museau allongé trouvé dans le Crétacé inférieur d'Allemagne portant le nom de *Pholidosaurus*, mais présentant cependant bon nombre de différences. Nous avons décidé de nommer ce géant *Sarcosuchus imperator. Sarcos* signifie en grec « chair » et *suchus* « crocodile ». « *Imperator* » veut souligner les grandes dimensions de l'animal.

Avec fierté nous eûmes la joie de présenter en 1966 la conclusion de ce travail en commun, notre première note : « Découverte d'un crocodilien nouveau dans le Crétacé inférieur du Sahara[1] ».

Je me suis efforcé d'estimer la longueur du corps de l'empereur des crocodiles en comparant les dimensions

1. Broin F. de et Taquet P., *Comptes rendus de l'Académie des sciences*, 1966.

atteintes par le crâne à celles des crocodiles actuels. Les mesures m'ont permis d'estimer la longueur de mon fossile à environ 11 mètres, une taille colossale pour un crocodile. Le gavial, crocodile à museau long qui vit en Inde dans le Gange, et qui est pour les habitants de ce pays un crocodile sacré, peut atteindre une taille respectable. Le plus grand gavial jamais capturé mesurait 6,55 mètres ; le plus grand crocodile connu est un caïman noir (*Melanosuchus niger*) qui mesurait 7 mètres.

Après le succès de ma mission et ayant été recruté comme stagiaire au Centre national de la recherche scientifique (CNRS), je me suis lancé avec enthousiasme dans l'organisation d'une deuxième mission au Niger, cette fois sans l'aide du CEA ; deux véhicules tout-terrain du centre de recherche des zones arides me furent attribués par le CNRS. Accompagné d'un chauffeur mécanicien, d'un collègue de mon laboratoire et d'un étudiant en géologie, je pris la route d'Alger le 25 février 1966 pour une longue traversée du Sahara d'une distance de 3 780 kilomètres. Une superbe randonnée, de l'Algérie jusqu'au Niger *via* Laghouat, Ghardaïa, El Goléa, In Salah, Tamanrasset pour atteindre enfin au Niger la ville d'Agadès. Puis arrivés à Gadoufaoua, nous avons installé nos tentes près des squelettes des deux dinosaures repérés en 1965. Le premier, très bien conservé, affleurant à peine de la roche gréseuse, présentait sa colonne vertébrale avec les vertèbres encore en connexion. Très rapidement, en balayant le sol sableux avec des brosses et des pinceaux, l'ensemble du squelette s'est offert à nos yeux, couché sur le flanc avec le cou replié en arrière sur le dos. Il nous faudra une dizaine de jours d'un travail acharné pour dégager et extraire la totalité de ce squelette, celui de mon premier dinosaure, que j'ai nommé *Ouranosaurus nigeriensis* (l'ourane étant le nom donné par les Touaregs au lézard du désert). C'est une des tâches exaltantes et excitantes du métier de paléontologue, que celle qui consiste à dégager de son linceul de pierre un dinosaure, en particulier les os de son crâne. Ceux-ci réunis dans leur position originelle m'ont offert un grand moment d'émotion ; soudain la tête d'un dinosaure nouveau pour la science me regardait en ayant l'air de me dire : « Coucou me voilà ! »

Cette deuxième mission fut suivie de quatre autres voyages au Niger, en 1967, 1969, 1970, 1972. Plusieurs tonnes d'ossements ont été récoltées dont le crâne et le squelette presque complet d'un deuxième *Sarcosuchus*. La géologie du gisement de Gadoufaoua, l'étude de sa flore et de sa faune furent publiées en 1976 dans les cahiers de paléontologie du CNRS. Dans cet ouvrage je pouvais conclure que le gisement datait de l'Aptien, un étage géologique du Crétacé inférieur. Les fossiles étaient âgés d'environ 110 millions d'années.

À Paris, le squelette presque complet d'un *Sarcosuchus* fut reconstitué grâce à l'aide enthousiaste d'une équipe de bénévoles, tous membres de la SAGA (Société amicale des géologues amateurs). De nombreuses heures de travail leur furent nécessaires pour dégager un grand nombre des plaques dermiques dorsales et ventrales, ainsi que toutes les vertèbres du cou, du bassin et d'une partie de la queue ;

l'extrémité de celle-ci et les os des membres n'ayant pas été retrouvés sur le terrain. Sur un très beau socle en bois, le *Sarcosuchus* est présenté depuis l'année 2000 en bonne place dans la galerie de paléontologie. Le premier crâne est retourné dans son pays d'origine où il trône dans le Musée national du Niger à Niamey.

Le squelette porte comme il se doit sa carte d'identité : *Sarcosuchus imperator* – Broin et Taquet – 1966 – Aptien du Niger. Des milliers de visiteurs dont de nombreux enfants contemplent ébahis cet énorme reptile ressuscité du passé. Souvent, parmi les commentaires une voix malicieuse s'écrie : « Ah ! Sarkozy, l'empereur des crocodiles ! »

La Ferme aux crocodiles, parc zoologique français situé à Pierrelatte dans la Drôme, est constituée d'une serre tropicale de 8 000 mètres carrés où l'on peut observer douze des vingt-trois espèces de crocodiles vivant sur notre planète. Leurs responsables ont souhaité présenter au public une réplique grandeur nature du désormais célèbre *Sarcosuchus*. La reconstitution en résine, réaliste, très impressionnante, a été inaugurée en 2010 ; la presse s'est faite l'écho de cet événement, entre autres *Le Canard enchaîné,* qui a évoqué l'inauguration du Sarkrocodile ! l'empereur des crocodiles. Plus récemment, les Américains lui ont consacré un excellent documentaire intitulé *Supercroc* (National Geographic, 2001). L'empereur est désormais célèbre dans le monde entier.

Ces débuts dans le métier de paléontologue m'ont montré qu'il fallait marcher, être nomade, pour découvrir des restes fossiles, puis être sédentaire pour les étudier et les publier ; deux activités complémentaires, l'une physique, l'autre intellectuelle. Deux proverbes africains expriment à leur façon ces deux facettes du métier ; un proverbe des nomades touaregs et un proverbe des cultivateurs sédentaires haoussas :

> Poussière au pied vaut mieux que poussière au derrière.
> C'est avec l'eau du corps qu'on tire celle du puits.

CHAPITRE II

Au bout de mes rêves

Je suis originaire d'un petit village de Thiérache situé dans le nord de l'Aisne. Je suis né en avril 1940, alors que les troupes allemandes envahissaient le nord de la France. Dans la grande pagaille de l'exode, les populations fuyaient l'avancée des troupes ennemies. À l'âge de trois semaines, j'ai réalisé le premier de mes voyages… en traversant la France jusqu'au bassin d'Arcachon, dans un hamac suspendu dans une voiture conduite par ma mère, en compagnie de mon frère aîné. Mon grand-père, poilu de la guerre 1914-1918, ayant combattu à Verdun, ne supporta pas de voir les restes de l'armée française battre en retraite. Il fit le coup de feu avec quelques soldats au bord d'une route de campagne. Le 18 mai 1940, en civil, l'arme à la main, il fut tué par les Allemands.

Mon père, mobilisé à Nantes comme opérateur radio, reçut l'ordre de ses supérieurs de ne pas combattre et fut transféré dans le fameux camp de Chateaubriand en même temps que 20 000 soldats français. Il s'évada en juillet avec l'un de ses copains et rentra au pays au terme de 700 kilomètres de marches nocturnes, puis s'engagea dans la Résistance.

Nous étions réfugiés aux Mouleaux près d'Arcachon. Après l'armistice signé en juin 1940, l'armée allemande prit possession de la côte atlantique. Sur la jetée du port, ils accrochèrent une banderole portant l'inscription « *Gott strafe England* », ce qui signifiait : « Que Dieu punisse l'Angleterre. » Et les passants de rétorquer : « C'est qu'ils ne sont pas sûrs d'y arriver eux-mêmes. » La région étant sous occupation allemande, il ne restait plus à ma mère qu'à rentrer au bercail en franchissant la ligne de démarcation.

Le seul souvenir que je garde de cette période troublée fut, lors de la débâcle allemande en 1944, l'irruption dans ma chambre d'un officier, qui revolver au poing faisait une fouille en règle des pièces de notre habitation.

Mon enfance fut une enfance heureuse dans une maison familiale jouxtant les bâtiments d'un tissage dirigé par mon père. Cette maison se trouvait à la lisière de l'immense forêt du Nouvion-en-Thiérache, un terrain de jeu privilégié dont je me suis cru l'explorateur. Mes souvenirs sont riches de la récolte du foin de nos pâtures et du retour perché au sommet d'un tombereau tiré par un robuste cheval, de la cueillette des pommes, de la récolte du miel des ruches de mon père, de la découverte du monde des insectes, hannetons et doryphores, de la collecte d'oursins fossiles silicifiés, de la recherche des nids d'oiseaux, de la pêche aux grenouilles dans les mares voisines avec une canne, un fil et un hameçon à trois pointes enveloppé dans un chiffon rouge. De retour à la maison j'assistai alors au spectacle du jardinier Ernest, coupant d'un coup de serpe, sur un billot de bois, des dizaines de pauvres grenouilles encore vivantes, pour n'en garder que les cuisses, qu'il fallait ensuite « dépatalonner », en arrachant la peau avant leur cuisson.

Chaque année, la célébration de Pâques se déroulait selon un cérémonial immuable ; après avoir peint et décoré des œufs, nous recevions sur le pas de notre porte, les enfants de chœur du village, qui, munis de crécelles bruyantes venaient nous solliciter en chantant :

Mesdames, Messieurs, ayez bon cœur
Donnez quéqu'chose aux enfants de chœur
Un jour viendra, Dieu vous le rendra.

L'école maternelle avait lieu dans le groupe scolaire Ernest Lavisse, une célébrité du Nouvion, fils d'une blanchisseuse, devenu un grand historien, directeur de l'École normale supérieure et académicien. Je me souviens des fêtes annuelles de ma classe lorsque nous étions déguisés et chantions devant les parents :

Les petits nains de la montagne
Verduronette, verduré
La nuit font toute la besogne
Pendant que dorment les bergers
Avec des balais d'olivier
Nix, nax, nix, nax, nox.

J'ai eu le plaisir de me plonger récemment dans la lecture de mon cahier de classe de CM2 de l'année scolaire 1949 qu'avait conservé précieusement ma mère institutrice. J'avais alors 9 ans ; j'apprenais à écrire à la plume Sergent-Major de belles lignes de lettres de l'alphabet à l'encre violette. La « tablette » d'aujourd'hui était alors une ardoise qui servait à faire des additions ou des divisions. L'instituteur était aussi professionnel que sévère : à l'époque, pas question pour les gauchers d'utiliser la main gauche ; j'ai donc appris à écrire de la main droite, la gauche étant soigneusement enfermée dans un sac en papier. Le maître ne tolérait aucun manquement à la discipline ; coups de règle sur les doigts en cas de bavardage et parfois pour quelques galopins, fessée pantalon baissé devant toute la classe ! Chaque semaine, nous avions une leçon d'instruction civique sur un thème différent. Je me souviens encore aujourd'hui de l'instituteur commentant le proverbe : « Bonne renommée vaut mieux que ceinture dorée. »

Dans ce cahier se trouve ma première rédaction intitulée, « mon livre préféré ». Un roman préhistorique publié en 1947 par l'Allemand Dietrich Felix Weinland que j'ai retrouvé dans ma bibliothèque :

> Mon livre préféré est *Rulaman* ; c'est un livre des temps préhistoriques, il est très bien et je l'aime bien. Sur la couverture il y a deux hommes, ils ont des lances en pierre taillée et des sagaies. Ils luttent avec un ours géant ; l'un est en dessous de l'ours et l'autre lui jette sa lance. Les vêtements des deux hommes sont déchirés par les énormes griffes de la bête féroce. Celui qui est en dessous et [*sic*] couché dans l'herbe, il essait [*sic*] de lui enfoncer sa sagaie dans le ventre. J'avous [*sic*] que je ne voudrais pas être à sa place.

Ma note a été 7/10 ! Pas trop mal pour mes premiers pas dans la préhistoire. Tous les mois, le cahier était signé par le directeur de l'école, l'instituteur et l'un des parents. Il y avait quatorze élèves et je fus, cette année 1949, le premier de la classe, ce qui n'empêchait pas le directeur de commenter sur mon cahier : « Bon élève, mais je serais heureux que l'écriture s'améliorât ! », ou bien : « Bon élève, quoique bavard et distrait à ses heures ! »

À l'issue de l'école primaire, j'ai suivi les enseignements du lycée de Reims, jusqu'en première pour le français puis en terminale pour la philosophie. Le professeur de français m'a laissé un excellent souvenir. William Stritt – que nous surnommions Monsieur William, par allusion à la chanson de Léo Ferré – était un pédagogue hors pair qui nous faisait aimer la littérature, notamment les grands auteurs du théâtre classique français. Lors des cours, deux élèves devaient déclamer des passages du *Cid* de Corneille. Armés de leur règle en bois, il leur fallait mimer le duel entre le comte, père de Chimène et Rodrigue, fils de Don Diègue.

> DON RODRIGUE. – À moi, comte, deux mots.
> LE COMTE. – Parle.
> DON RODRIGUE. – Ôte-moi d'un doute. Connais-tu bien Don Diègue ?
> LE COMTE. – Oui.

Monsieur William était un homme charmant et tolérant. Les fortes têtes profitaient de sa gentillesse pour chahuter et imaginer des péripéties comiques. L'entrée du professeur dans la classe obéissait à un cérémonial immuable : il montait sur son estrade, lançait son porte-documents sur le bureau avant de s'asseoir. Un élève eut l'idée de glisser sous son bureau une batterie de crayons, de sorte qu'un matin le jet du porte-documents suffit à entraîner le roulement et la bascule du bureau au pied de l'estrade dans un fracas bruyant qui provoqua l'hilarité générale.

C'est durant ce séjour au lycée que j'eus l'occasion pour la première fois de récolter avec deux copains des ossements fossiles dans la montagne de Reims sur un site connu datant du Paléocène, c'est-à-dire de la première époque du Cénozoïque (Tertiaire), âgé de 60 millions d'années. Ému, je rapportai à la maison quelques plaques dermiques et des dents de crocodile, une phalange d'un oiseau géant appelé *Gastornis*. Le gisement de Cernay-les-Reims avait été fouillé au début de la guerre 1914-1918 par le père jésuite Pierre Teilhard de Chardin. Lors de notre visite, l'étude de ce gisement faisait l'objet d'une thèse d'un jeune Américain, Donald Russel, venu spécialement de Berkeley en Californie. Je ne pouvais imaginer, alors que je le retrouverais des années plus tard dans le laboratoire de paléontologie du Muséum, que je deviendrais son directeur et qu'il participerait à mes missions au Niger et à Madagascar.

Les baccalauréats en poche, j'aurai dû, comme mon père, devenir ingénieur en suivant les cours de la fameuse école textile de Mulhouse, afin d'être fidèle à la tradition familiale ; mais je choisis l'université pour entamer des études de géologie en Sorbonne. Bien m'en a pris car j'ai pu me plonger ultérieurement dans le monde des faunes fossiles, alors que le textile en France disparaissait plus vite que les dinosaures à la fin du Crétacé.

Dans les années 1960, la Sorbonne peinait à accueillir dans ses locaux trop exigus des centaines d'étudiants, qui se bousculaient pour s'inscrire et pour aller aux cours dans des amphithéâtres bondés. J'ai participé avec les étudiants et l'ensemble du corps professoral, avec le doyen de l'université, le mathématicien Marc Zamansky, en tête, à la grande manifestation qui eut lieu de la Sorbonne à la halle aux vins, occupée alors par ceux que nous nommions les pinardiers, pour réclamer la construction d'un nouveau campus universitaire. Je me souviens d'avoir marché derrière une magnifique banderole portant le slogan : « L'élite pas les litres ! »

L'introduction à la licence de sciences de la Vie et de la Terre se déroulait en une année et délivrait une formation générale en sciences physiques, chimiques et naturelles ; il fallait ensuite s'inscrire en licence pour suivre pendant trois années des cours de biologie, zoologie, botanique, géologie. Choisissant les sciences de la Terre, je me suis inscrit aux certificats de géologie historique, de minéralogie-cristallographie, de pétrographie, de géologie dynamique, de géologie structurale, et de géologie appliquée qui traitait des questions liées au pétrole, au charbon, à l'hydrogéologie et à la micropaléontologie. Les professeurs étaient excellents et leurs cours, polycopiés, permettaient de compléter nos connaissances. Ces cours étaient imprimés par la Corpo, la corporation des étudiants en sciences, une section syndicale minoritaire de l'Unef, l'Union nationale des étudiants de France. Je me suis retrouvé rapidement trésorier bénévole de la Corpo, qui était forte de ses douze mille adhérents. J'assurais chaque mois la paye des employés de notre centre de polycopie. Je dois avouer que je fus chargé à l'époque du financement du recueil de chansons paillardes édité par l'AFES (!), l'Association folklorique des étudiants en sciences.

J'aimais beaucoup les enseignements de géologie qui avaient le grand intérêt d'être accompagnés par des excursions sur le terrain. Nous visitions les affleurements des sables d'Étampes, qui ont donné leur nom à l'étage géologique nommé le Stampien, les carrières de gypse de Montmorency, les exploitations de calcaire du Lutétien, dont les blocs furent utilisés pour la construction des monuments de Paris, dont la cathédrale Notre-Dame. Ces excursions se passaient dans une ambiance décontractée et, en fin de journée, de retour devant la Sorbonne, nous défilions en chantant sur le boulevard Saint-Michel en brandissant quelques prises de guerre, c'est-à-dire des panneaux indiquant : chasse interdite, passage privé, défense de déposer des ordures. Puis une journée dans la forêt de Fontainebleau nous initia aux premiers rudiments de la réalisation d'une carte géologique. Une semaine joyeuse dans les Corbières nous apprit à cartographier les terrains calcaires et les poches de bauxite. Nous étions ravis de marcher dans une nature somptueuse, enivrés par l'odeur des pins et le rosé local dont nous consommions environ 50 centilitres aux 20 kilomètres.

Nous étions dans les années 1960, joyeux et insouciants. Je me souviens d'une grande soirée mémorable, lorsque, membres du bureau de la Corpo, nous dînions tranquillement dans la brasserie de l'île Saint-Louis. Soudain, dans un grand fracas, les membres de la fanfare des beaux-arts du quai Malaquais, dont les chars avaient à l'époque le droit de défiler dans Paris, firent irruption dans le restaurant. Ils prirent place dans des tenues pittoresques autour des deux tables centrales. Les deux responsables de la fanfare ôtèrent leur chemise tout en gardant leurs bretelles ; puis, munis chacun d'une pinte de bière, ils se livrèrent à un grand concours d'éloquence pataphysique dans un déluge de phrases sans queue ni tête, mais du plus bel effet comique. Chaque exclamation était accompagnée d'un large mouvement du bras qui propulsait sur toute la longueur de la table un puissant jet de bière, chaque affirmation était ponctuée d'un grand choc du pot sur la table, éjectant à la verticale une grande éclaboussure sur les convives.

Le chahut, les chants et les cris montèrent en intensité, jusqu'au moment où les habitants de l'île, excédés par le tapage, avertirent la police. Sans tarder, le panier à salade vint se garer devant le restaurant ; un brigadier et cinq policiers firent leur entrée dans la salle. Immédiatement, tous les musiciens se mirent à glousser comme des poulets et je me suis dit alors que nous allions finir notre soirée au poste de police. Sans se démonter, le chef de la fanfare se dirigea vers le gradé en lui disant : « Mon brigadier, on commence par la table n° 1 ou la table n° 2 ? » et, se tournant vers ses troupes, d'une voix de stentor, il s'écria : « Ceux de la table n° 1 en voiture, s'il vous plaît ! » Le brigadier très embarrassé lui répondit : « Non ! Non ! Il s'agit d'un simple avertissement. » Soulagement général dans la salle.

J'étais sursitaire, mais, en 1967, lorsque fut venu pour moi le temps de remplir mes obligations militaires, je fus incorporé dans l'armée à Montluçon pour faire mes classes dans le train des équipages. Six semaines pour apprendre à marcher au pas, à se tenir au garde-à-vous, à faire demi-tour, tirer, lancer une grenade. Chef de chambrée, ma tâche consistait essentiellement à rédiger les lettres d'appelés qui ne savaient ni lire ni écrire. Au terme de ce séjour, je fus affecté comme stagiaire militaire pendant une année dans un laboratoire secret (de polichinelle !) de la direction des applications militaires du Commissariat à l'énergie atomique. Les stagiaires militaires attendaient patiemment la fin de leur service et imaginaient pour se distraire quelques facéties. L'un d'eux avait inventé la bombe à retardement inodore et indétectable. Le jeu consistait à prendre un long gant en latex, d'y introduire un bloc de neige carbonique, le tout noué solidement avant d'être placé dans un des faux plafonds du laboratoire. Trente minutes plus tard, la neige, sublimée en gaz, gonflait le gant avant de le faire exploser dans un bruit assourdissant. Les alarmes déclenchées, les services de sécurité ne tardaient pas à arriver, mais leurs recherches échouaient toujours à découvrir les causes de l'incident.

De retour en faculté, la licence de sciences en poche, il ne restait plus qu'à suivre pendant une année les enseignements du troisième cycle de paléontologie des vertébrés en Sorbonne et au Muséum, avec un stage sur le terrain en Aquitaine. Découvrir et extraire avec précaution des dents de mastodonte ou d'éléphant, des mandibules de rongeurs ou de carnivores dans une carrière de sable de l'Aquitanien, puis, après dégagement, entourer d'une coque de plâtre les plus gros ossements, était une tâche passionnante. Une première initiation avec les outils du fouilleur, pelle, marteau, truelle, pinceau, sous la direction d'un assistant qui prenait plaisir à nous dire : « Vous avez trouvé un os long et vous m'appelez au secours » et « Je viens vous aider à réparer les dégâts des os ».

Enfin, au terme de ce long parcours universitaire, après avoir réussi à surmonter tous les obstacles sans trop de difficulté, j'emménageai un beau jour dans un bureau du laboratoire de paléontologie pour préparer mon diplôme de troisième cycle. J'étais arrivé au bout de mes rêves.

CHAPITRE III

Auprès de mes arbres

J'ai un faible pour les arbres, particulièrement pour les arbres du Jardin des Plantes. Louis XIII, conseillé par son médecin Guy de La Brosse, décida en 1629 de créer le Jardin du Roi pour la culture de plantes médicinales. On y cultivait tout d'abord des plantes d'origine européenne et méditerranéenne. Avec l'essor de la navigation, les voyageurs, les naturalistes, les explorateurs rapportèrent de leurs pérégrinations des plantes, des animaux, des minéraux et des graines ou de jeunes pousses d'arbres.

Certains arbres sont aujourd'hui les témoins vivants de ces efforts et le Jardin des Plantes est devenu peu à peu le réceptacle de spécimens historiques qui sont la fierté du Muséum. Les arbres du Jardin portent respectueusement leur carte de visite à la boutonnière, comme des congressistes un peu gênés, a écrit très justement Mathieu Galley dans son journal.

Le *robinier de Robin*, dont le nom fut donné par Linné en hommage à Jean Robin, jardinier du Roi, est originaire de l'est des États-Unis. Son fils Vespasien, nommé démonstrateur de botanique au Jardin du Roi, planta en 1636 le rejet d'un spécimen provenant de l'arbre cultivé par son père. Ce rejet devint majestueux et remarquable. Pour lui permettre de croître et lui donner plus de lumière, les jardiniers supprimèrent les arbres plantés dans son voisinage. Plus de trois cent cinquante ans après, couvert de lierre, soutenu par des béquilles et ayant depuis longtemps perdu sa cime, il poursuit son existence grâce à ses rejets, près de la galerie de botanique.

Le *sophora du Japon* doit sa présence au Jardin des Plantes au révérend père d'Incarville, grand sinologue et naturaliste, qui envoya à son ami Bernard de Jussieu des graines d'un arbre inconnu et mystérieux ; l'une d'elles mise en terre devant la galerie de minéralogie donna naissance à un arbre qui fleurit pour la première fois en Europe en 1779. Le sophora, contrairement à ce que laisse penser son nom, n'est pas originaire du Japon, mais de Chine et de Corée. Ses feuilles servaient à teindre en jaune les vêtements de l'empereur.

Le *cèdre du Liban* est présent dans le labyrinthe du Jardin grâce au botaniste Bernard de Jussieu. En 1734, celui-ci rapporta d'Angleterre deux plants de cèdre du Liban qui lui avaient été donnés par le banquier anglais Colison. Mais, peu avant son arrivée à Paris, le pot qui transportait les deux spécimens se cassa et les deux petits cèdres finirent leur voyage dans le chapeau de Jussieu. L'un d'eux prospéra au Jardin des Plantes, pour atteindre aujourd'hui 20 mètres de hauteur.

Le *pistachier*, un des plus âgés, qui se trouve dans le jardin alpin fut planté vers 1700. Originaire d'Asie, il fut introduit en Italie vers le Ier siècle après J.-C. et se répandit sur le littoral méditerranéen. Le spécimen du Muséum est un pied mâle et un écriteau rappelle que, grâce à lui, Sébastien Vaillant, au début du XVIIIe siècle, mit en évidence la sexualité chez les végétaux et expliqua la fécondation florale.

Le *platane d'Orient* est originaire de Méditerranée orientale et d'Asie. Il a été planté par Buffon en 1785 et se trouve devant l'hôtel de Magny, là où Buffon, le célèbre naturaliste et intendant du Roi, avait son bureau. Cet arbre majestueux, en pleine santé, se reconnaît à ses feuilles profondément découpées et sa large cime. Il est un des fleurons du Jardin.

L'*arbre aux quarante écus*, le ginkgo bilobé, est incontestablement mon arbre préféré. Il se tient très droit dans le parking du laboratoire de paléontologie. Il y a 125 millions d'années, le ginkgo – qui a connu les dinosaures – existait déjà sous sa forme actuelle. Le ginkgo est la seule espèce survivante d'une famille très primitive. Originaire des montagnes de l'est de la Chine, il fut introduit au Japon et on le trouve très fréquemment près des temples et des monastères. Ce sont les Hollandais qui, vers 1730, rapportèrent du Japon un spécimen. En automne il offre un magnifique spectacle ; ses feuilles avant de tomber passent du vert à un jaune doré qui lui a valu en France le nom d'arbre aux quarante écus, non pas à cause de la dorure de ses feuilles, comme on le croit, mais parce que les cinq premiers spécimens arrivés en France furent achetés en 1780 par un botaniste fortuné, M. de Pétigny, au prix de quarante écus. Le ginkgo est dioïque, c'est-à-dire que les sexes sont séparés. La particularité de ce ginkgo est d'avoir été planté par les jardiniers du Muséum en associant étroitement mâle et femelle pour ne former qu'un tronc. Il faut croire que l'entente entre l'un et l'autre est parfaite, car chaque année l'arbre femelle très prolifique donne une grande quantité de fruits jaunes dont l'amande est très prisée des Japonais qui en font une crème délicieuse. À l'automne lorsque les nombreux fruits tombent sur le sol, il est possible de voir quelques Japonais de Paris venir ramasser discrètement les fruits.

Ma compagne connaît bien les lieux et ne manque pas chaque automne de récolter elle aussi quelques fruits, pour installer dans un pot sur notre balcon une pépinière de ginkgos. Au terme d'une année elle peut, au sein de l'association des Amis du jardin du Luxembourg, échanger ses rejetons avec d'autres plantes très variées proposées par ces passionnés de botanique.

Mais attention ! après la récolte, inutile de se rendre sur place. Le sol jonché de fruits dégage une odeur pestilentielle. Tous les chercheurs du laboratoire se gardent bien de marcher au pied de notre beau ginkgo et d'y garer leur véhicule. Les visiteurs, par contre, ignorant la nature de ce terrain miné vont repartir avec une odeur épouvantable et tenace qui va parfumer pendant plusieurs jours leurs chaussures et leur voiture.

Les amoureux du Jardin des Plantes viennent ainsi par centaines découvrir d'autres arbres séculaires, le noyer noir d'Amérique, l'érable de Montpellier, le thuya d'Orient, le chêne à gros fruits, le parrotie de Perse, le métaséquoia, le chêne vélani, l'arbre de Judée et, en mars, admirer les deux somptueux pruniers blanc et rose du Japon en pleine floraison.

En France, les relations de l'homme avec la nature se caractérisent par la création de parcs splendides avec des allées et des massifs d'une géométrie parfaite comme celui du parc du château de Versailles. En Angleterre, depuis des siècles, les parcs sont aménagés pour proposer au public des ensembles les plus proches possible de la nature ; le parc de Kew, à la périphérie de Londres, est probablement l'un des plus beaux jardins botaniques du monde.

Cette différence de traitement de la nature s'exprime de manière caricaturale par la présentation de part et d'autre du Channel de sentiers de découverte des arbres très différents. L'un se trouve à Kew : un *treetop walkway* permet au visiteur de découvrir la cime des arbres en cheminant sur un parcours situé à 20 mètres de hauteur. Celui-ci est formé d'une passerelle métallique rigide qui serpente entre les sommets des arbres sans les toucher. La passerelle est portée par des pylônes métalliques et on y accède par un escalier, mais un ascenseur permet aux personnes avec un handicap moteur et aux seniors de profiter d'un spectacle magnifique et instructif.

En France, un « sentier suspendu dans les arbres » a été réalisé dans la forêt de Rambouillet par l'Office national des forêts. Un parcours permet de circuler à mi-hauteur des arbres et de cheminer sur 300 mètres grâce à des passerelles souples. L'intention est très louable, mais, à la différence de Kew, le parcours à mi-hauteur ne donne pas une image différente de la forêt de celle qu'on l'observe au ras du sol ; des passerelles en pente et présentant un fort tangage empêchent toute personne âgée ou handicapée de se lancer dans l'aventure ; et, plus surprenant, les plateformes ont été accrochées sur chaque arbre en transperçant les troncs des chênes avec de grandes tiges métalliques de 5 centimètres de diamètre. Ces beaux arbres sont donc ligotés par des câbles et perforés par des barres d'acier !

En Angleterre, le respect des arbres est tel qu'une route de campagne contournera délicatement l'arbre isolé qui se trouve sur sa trajectoire. En France, l'élagage des arbres le long des routes et des rues de Paris a pris un tour effarant avec la suppression – au prétexte qu'ils sont malades – des platanes les plus beaux et les plus vieux. Les vieux arbres du quai d'Orléans, systématiquement élagués chaque année par une coupe au carré à la française, ont fini par mourir et ont été remplacés par des arbres maigrichons.

Le très vieux et très beau saule pleureur qui plongeait ses branches dans la Seine au chevet de l'île de la Cité n'est plus. Il a été abattu récemment avant qu'il ne puisse mourir de sa belle mort. Peut-être menaçait-il le trafic des péniches ! Indigné et triste, j'ai publié en juillet 2009 une tribune dans le journal *Le Monde*, intitulée « On achève bien les vieux arbres », tandis que les résidents de l'île Saint-Louis déposaient des bouquets de fleurs sur sa souche.

Il reste heureusement des lieux préservés de la fureur des aménageurs et des tronçonneurs à la française. Une visite au platane que Buffon a planté dans le Jardin des

Plantes en 1785 s'impose. Cet arbre majestueux, âgé de 240 ans, n'a jamais été traité ni élagué et il est admiré à juste titre par tous les promeneurs. Il se porte… comme un charme !

« L'homme qui plantait des arbres », cette très belle nouvelle de l'écrivain Jean Giono, a eu un retentissement mondial. Le Muséum lui aussi s'est attaché à planter des arbres. Il a développé l'arboretum de Versailles à Chèvreloup, domaine de 200 hectares d'espaces naturels et paysagers où il est possible d'admirer une collection d'arbres issus des régions tempérées ou froides du globe : 2 500 espèces d'arbres en plein air.

Durant la période révolutionnaire, 60 000 arbres de la Liberté furent plantés en France. L'abbé Grégoire, président de la Convention nationale, chantre de l'abolition des privilèges et de l'esclavage s'écriait à cette occasion :

> L'arbre de la Liberté croîtra, avec lui croîtront les enfants de la patrie… Ils jureront de transmettre à leurs descendants la haine des rois, l'amour de la liberté sans laquelle il n'est pas de peuple, et l'amour de la vertu, sans laquelle il n'est pas de liberté.

À l'occasion de la célébration du bicentenaire de la Révolution française, le président Mitterrand est venu au Muséum, en 1989, planter (lui aussi symboliquement) un arbre de la Liberté. Son choix s'est porté sur un tilleul des Baronnies et un emplacement fut choisi à l'entrée du jardin écologique. Le jour de la cérémonie une foule d'officiels, dont le ministre de l'Intérieur, Pierre Joxe, se pressait sur les lieux, en présence des membres du conseil d'administration, du conseil scientifique et des personnels du Muséum. Comme il est de tradition, la foule ainsi que le ministre de l'Intérieur attendaient patiemment la venue du chef de l'État. Soudain arrive, en retard et en courant, le ministre des Affaires étrangères. Il est essoufflé et un peu pâle. Il a, semble-t-il, peu dormi la veille ; il se précipite vers moi et me demande :

« Monsieur le directeur, y a-t-il des toilettes à proximité ?

– Mais oui, monsieur le ministre, à 50 mètres vous trouverez un édicule public. »

Un édicule que le Muséum avait eu bien du mal à installer dans le Jardin en raison de la réticence des responsables du patrimoine. Le ministre part en courant, mais, au bout de quelques mètres, il s'arrête brusquement pour revenir vers moi toujours aussi pressé.

« Monsieur le directeur, auriez-vous 1 franc à me donner ?

– Qu'à cela ne tienne monsieur le ministre, voilà 1 franc. »

L'honneur était sauf. Un directeur du Muséum se doit d'avoir une réponse à tout. J'ai appris le lendemain de cette brillante cérémonie que le ministre se plaisait à porter de très belles paires de chaussures de luxe d'une valeur de 11 000 francs. Sans doute n'avait-il pas de petite monnaie sur lui ce jour-là.

Le président Mitterrand est arrivé peu après le retour du ministre. Armé d'une pelle, il versa vigoureusement quelques pelletées de terre sur les racines du tilleul, qui depuis cet événement coule des jours paisibles dans le Jardin avec sa carte d'identité accrochée à l'une de ses branches.

CHAPITRE IV

La Grande Galerie de l’évolution

En 1889, à l'occasion de l'Exposition universelle à Paris, le patrimoine monumental de la capitale s'enrichit de deux constructions remarquables, la tour de Gustave Eiffel et la galerie de zoologie du Muséum de Jules André.

Le 22 juillet 1889 eut lieu au Jardin des Plantes l'inauguration du bâtiment que l'on a appelé le « Louvre de la science ». Edmond Frémy, directeur du Muséum, prononça le discours attendu :

> Les magnifiques collections que nous présentons aujourd'hui attestent toute l'ardeur de nos naturalistes ; elles ont été faites en moins d'un siècle depuis Buffon jusqu'à nos jours.
>
> Quand on a le culte de la science, il est impossible de ne pas être saisi d'un véritable sentiment d'admiration devant les travaux des hommes illustres qui, dans ces galeries, ont posé les bases de l'histoire naturelle et constitué un monument scientifique qui ne périra pas.
>
> Au nom des collaborateurs les plus actifs du Muséum, nous citerons, avec un sentiment de profonde gratitude, ces voyageurs scientifiques et tous ces officiers de marine, pionniers intrépides qui, en parcourant les régions du globe les plus lointaines, quelquefois au péril de leur vie, ont tant contribué à augmenter nos trésors.

Hommage soit rendu à ces hommes courageux qui, en servant glorieusement leur pays, n'ont jamais oublié les intérêts de la science : le Muséum leur doit des richesses inappréciables.

Le grand hall central de la galerie, long de 55 mètres et large de 26, est imposant ; c'est un triomphe de l'architecture métallique ; partout sont disposées de grandes vitrines ; les piliers et les rampes d'escaliers sont richement ouvragés, les parois sont couvertes de panneaux de chêne. La longueur totale des étagères murales, sur trois niveaux, atteint presque 40 kilomètres ; elles abritent 12 kilomètres de tablettes sur lesquelles sont disposés des milliers de spécimens de toutes espèces. Tous les oiseaux et les mammifères sont rangés en séries zoologiques. On compte 23 000 oiseaux et 6 000 mammifères. Les grands animaux, éléphants et baleines sont posés sur des socles disposés en pyramides.

La visite du cabinet d'histoire naturelle, qui précédait l'existence de la galerie de zoologie, inspirait déjà écrivains et sculpteurs, peintres et dessinateurs. Ce fut le cas du peintre Eugène Delacroix qui, le 19 janvier 1847, est bouleversé lors de sa visite :

> J'ai été, en entrant dans cette collection, pénétré d'un sentiment de bonheur. À mesure que j'avançais, ce sentiment s'augmentait ; il me semblait que mon être s'élevait au-dessus des vulgarités, ou des petites idées, ou des petites inquiétudes du moment. Quelle variété prodigieuse d'animaux et quelle variété d'espèces, de formes, de destination !

Hélas, faute d'entretien et de moyens, les animaux de cette arche sombrent dans l'oubli. En 1965, pour des raisons de sécurité, la galerie de zoologie est fermée au public. Lorsque, en 1985, je suis appelé à la direction du Muséum, je visite le bâtiment et découvre un spectacle désolant. Des carreaux brisés laissent passer la pluie, la poussière recouvre girafes, lions, buffles et rhinocéros. Des pigeons ont trouvé refuge sur les étagères. Quelques personnes se désolent de cet état lamentable. Ainsi, l'écrivain poète Michel Butor compose une admirable oraison funèbre intitulée *Les Naufragés de l'Arche*, illustrée des photographies émouvantes, en noir et blanc, de Pierre Béranger.

> Adieu Ziggurats, édens de poussière, usine à classification, salon du Nautilus métropolitain, adieu jours de sursis.

Mon prédécesseur à la direction, le grand ornithologue Jean Dorst, s'est battu pour sortir le Muséum de ce marasme ; il a obtenu de l'État un crédit important qui permit de creuser dans le jardin, à l'aplomb de la galerie, un immense coffre souterrain destiné à stocker un million de spécimens : poissons et mollusques dans des bocaux, oiseaux enveloppés dans du coton, coraux, crabes et reptiles séchés. Ce bâtiment – cette zoothèque – abrite sur trois étages des meubles métalliques mobiles destinés au stockage et à la conservation des collections sur 40 kilomètres linéaires de rayonnages. La zoothèque fut inaugurée en janvier 1986 par M. Chevènement, ministre de l'Éducation nationale.

Dans la galerie de zoologie, quelques rares visiteurs dont des chercheurs sont autorisés à consulter les collections. Le peintre suisse Jürg Kreienbühl, dans la pénombre, a su saisir durant des heures, sur de grandes toiles, une dernière vision réaliste des lieux.

Je dois m'attaquer à une montagne. Tenter de rénover cette galerie en proposant aux pouvoirs publics un synopsis scientifique moderne et convaincant adapté aux progrès de la science. Un chercheur du Muséum, spécialiste des animaux marins et passionné de pédagogie, est chargé de rédiger un projet. Il s'appelle Michel van Praet. Très rapidement, une équipe de chercheurs imagine un scénario simple et convaincant : transformer la galerie de zoologie figée dans ses présentations désuètes en une galerie de l'évolution, passer d'une vision fixiste de la nature à une approche prenant en compte la révolution darwinienne ; celle-ci s'est produite dans les sciences de la nature avec la publication de sa théorie de l'évolution. Elle montre que toutes les espèces vivantes sont en perpétuelle transformation et subissent au fil du temps des adaptations et des changements par la sélection naturelle.

Les trois niveaux de la galerie présenteront un opéra en trois actes :

– Acte I : la biodiversité.

– Acte II : l'évolution des espèces.

– Acte III : les relations de l'homme avec la nature.

Un deuxième élément de la stratégie est de moderniser le fonctionnement du Muséum. Il s'agit d'expliquer et de valoriser ce projet en recrutant, pour la première fois, une personne chargée d'un service de la communication ; Geneviève Boulinier, ethnologue, accepta de se lancer dans l'aventure. C'est elle qui commencera ses activités par un coup d'éclat. Rencontrant par hasard le chanteur Renaud et sa fille Lolita se promenant un mercredi dans les serres du Jardin des Plantes, elle les invita à entrer discrètement dans la galerie fermée au public. Renaud, stupéfait par le spectacle de la grande nef avec tous ces animaux naturalisés à l'abandon, ressortit de sa visite bouleversé.

Quelques mois plus tard, Geneviève Boulinier me téléphona alors que j'étais en voyage au Canada pour participer à un congrès de spécialistes de dinosaures.

« Renaud vient de m'appeler pour me dire qu'il souhaite aider le Muséum dans son projet de rénovation. Il a gagné une somme très importante – 900 000 francs – grâce aux clips vidéo de ses chansons et il souhaite mettre celle-ci à la disposition du Muséum ! »

De retour à Paris, j'invite Renaud dans un bon restaurant de poissons ; il commande alors… un simple jambon beurre ! C'est lors de cette rencontre que naît l'idée d'un spectacle son et lumière destiné à montrer aussi bien au public qu'aux décideurs la beauté architecturale du bâtiment, l'extraordinaire collection et sa présentation unique au monde.

L'assemblée des professeurs du Muséum fonctionne à l'époque selon un système collégial et chacun a son mot à dire ; il me faut convaincre mes collègues plus âgés du bien-fondé de cette opération publicitaire ; mon exposé est écouté attentivement quoique avec un certain scepticisme ; mais lorsqu'en guise de conclusion je leur dis : « Nous appellerons ce spectacle son et lumière : *Fauve qui peut !* », un silence et des regards désapprobateurs suivent ma proposition ; certains se demandent si le directeur n'a pas perdu la tête.

La mise en œuvre de notre projet est menée bon train ; Renaud nous propose d'utiliser le talent de Jacques Rouveyrollis, l'éclairagiste de ses spectacles, de ceux de Jean-Michel Jarre et de Johnny Halliday. Une bande sonore est enregistrée avec la voix d'Yves Laissus, conservateur en chef de la bibliothèque, qui écrit un texte sur les images d'un monde disparu, d'une arche de Noé silencieuse, où des milliers d'animaux, nimbés d'une lumière indécise, semblent réunis pour une parade immense et toujours immobile. Le public qui se presse à l'inauguration du spectacle monte au premier étage, dans la galerie des oiseaux et découvre, émerveillé une scénographie exceptionnelle. Dans la pénombre s'entendent les flonflons de l'inauguration de 1889 ; la musique cesse et un jeu de pinceaux lumineux vient peu à peu éclairer buffles, girafes et antilopes ; l'on entend alors les baleines chanter, les éléphants barrir et les lions rugir. La mise en lumière fait revivre les animaux, tandis qu'Yves Laissus, très XVIIIe siècle, lit des textes de Michel Butor et de Charles Baudelaire. De juillet 1988 à août 1989 des milliers de visiteurs découvrent ou redécouvrent la galerie de zoologie, sa beauté architecturale, son intérêt muséologique.

En 1988, nous fêtons le 50e anniversaire de la création à Paris de l'Union internationale de conservation de la Nature. À cette occasion le Muséum présente *D'ours en ours*, une superbe exposition dédiée à la protection de ces plantigrades dans le monde. Or la reine Nour de Jordanie, très belle et très charmante, préside l'UICN ; elle inaugura notre exposition le 6 octobre 1988 avec François Mitterrand et en présence du cinéaste Jean-Jacques Annaud dont le film *L'Ours* est sur tous les écrans. Les discours sont prévus dans la grande salle d'exposition de la galerie de zoologie aménagée temporairement au rez-de-chaussée.

Notre idée est alors de profiter de la venue du président de la République, de sa présence au plus près de la galerie de zoologie, pour l'introduire subrepticement dans la grande nef. La visite de l'exposition se déroule parfaitement, puis il nous faut remonter la grande allée du jardin pour rejoindre la salle où est massé le public. Durant cette brève promenade, je suggère à M. Mitterrand de jeter un coup d'œil dans la grande nef. Le président, manifestement subjugué par la beauté et le charme de la reine, me répond brièvement : « On verra, on verra ! »

La salle rassemble quatre cents personnes. Le silence se fait et j'entame mon discours de bienvenue (soumis auparavant à l'Élysée).

Monsieur le président, Votre Altesse, messieurs les ministres, etc. etc.

Au sommet de la montagne, Brun l'ours avait sa maison...

Telles sont les premières lignes de l'histoire imaginée il y a plus de quarante ans par Samivel, le poète, l'écrivain, l'artiste. Ses récits ont enchanté nos jeunes années ; bon nombre d'entre nous, peut-être vous-même, monsieur le Président, avons trouvé le sommeil en serrant dans nos bras un ours en peluche, compagnon de nos rêves et gardien de nos nuits. [Rires dans la salle... le président ébauche un sourire un peu crispé.]

Mais les ours, qui occupent une telle place dans le cœur des enfants, ont-ils encore aujourd'hui une place dans la nature ? L'ours, l'un des plus beaux mammifères de la faune d'Europe est gravement menacé. Le dernier ours des Alpes françaises a été tué dans le Vercors le 13 août 1921. Seule subsiste aujourd'hui une vingtaine d'ours dans les Pyrénées...

Le discours terminé, je réitère ma suggestion : « Monsieur le président, voulez-vous jeter un coup d'œil dans la nef ? » Une petite porte latérale donne directement dans la galerie. François Mitterrand accepte, suivi de la reine, de sept de ses ministres, dont Lionel Jospin, Roland Dumas, Jack Lang, Hubert Curien, Pierre Joxe, Henri Nallet, ainsi que d'Émile Biasini, secrétaire d'État aux Grands Travaux de l'État, tandis que deux gardes du corps leur emboîtent le pas en refermant soigneusement derrière eux la petite porte.

Dans la pénombre, un faible lumignon éclaire un immense troupeau silencieux. Le président est pétrifié par le spectacle ; après un long silence, il s'exclame :

« Mais ! Mais ! Il faut réparer tout cela !

– Mais naturellement monsieur le président.

– Combien de temps pour réparer ce bâtiment, monsieur le ministre ? »

Avant que M. Biasini ne donne sa réponse, j'enchaîne :

« Moins de temps que votre septennat, monsieur le président. »

Tous les ministres éclatent de rire ; notre piège a bien fonctionné ; le président a pris sa décision, la partie est gagnée. La rénovation de la galerie sera peu après inscrite au titre des Grands Travaux de l'État avec un budget 400 millions de francs.

Le Muséum met alors en place une cellule de préfiguration avec des chercheurs et des muséologues. Un grand concours international est lancé avec l'impératif de constituer des équipes réunissant nécessairement un architecte, un muséographe et un scénographe. Un jury composé de représentants du ministère de l'Éducation nationale, de l'assemblée des professeurs et du corps des architectes va travailler d'arrache-pied pour examiner la centaine d'équipes ayant déposé un dossier de candidature. Une première sélection a lieu et le jury ne retient que les trente meilleures propositions ; sont éliminés quelques projets très radicaux : une célèbre équipe américaine suggérant de raser le bâtiment pour le remplacer par une structure futuriste ! Une deuxième sélection consiste à ne retenir que dix équipes en leur demandant d'accompagner leur dossier d'une grande maquette, financée par les Grands Travaux.

Quelques mois plus tard, le jury unanime rendait son verdict ; l'équipe de Paul Chemetov, Borja Huidobro et René Allio était désignée lauréate du concours.

Avant de commencer les travaux, il fallait vider la galerie de ses trésors, notamment du million de bocaux avec leurs spécimens dans l'alcool et le formol, extraire les squelettes de baleines ; les grands mammifères terrestres sortis du bâtiment défilèrent dans les rues de Paris, posés sur des plateformes. En trois ans, un millier d'animaux furent restaurés par les taxidermistes : 350 mammifères, 500 oiseaux, plus d'une centaine de reptiles, de poissons et d'amphibiens.

Pour immortaliser l'événement, j'ai proposé de grouper tous les personnels du Muséum devant la galerie de zoologie, devenue la Grande Galerie de l'évolution pour garder une photo en souvenir de la décision qui nous avait été favorable. Pour réaliser le cliché, la grande échelle des pompiers de la caserne du Ve arrondissement fut mobilisée et placée juste devant la statue de Buffon.

En mars 1986, des élections portent au pouvoir une majorité de droite et Jacques Chirac est nommé Premier ministre. Le projet de la Grande Galerie de l'évolution, le dernier des grands travaux de l'État voulu par François Mitterrand sera-t-il financé comme prévu ? Le ministère des Finances à Bercy inscrira-t-il au budget la somme prévue pour la rénovation ? C'est alors que je découvre un projet stupéfiant qui consiste à trouver le financement nécessaire en réalisant une opération immobilière dans l'îlot Buffon-Poliveau, contigu au Jardin des Plantes. Cet îlot abrite plusieurs laboratoires du Muséum : de chimie des substances naturelles, de minéralogie, de zoologie-vers, de biologie des invertébrés marins, d'entomologie, ainsi que la graineterie et… la cantine de notre établissement ! Une officine politique ayant des liens avec un atelier d'urbanisme a mis sur pied un grand projet qui priverait le Muséum de ses espaces, mais qui éviterait à Bercy de financer les 400 millions de francs promis par le président de la République… et qui serait comme par hasard bénéficiaire aux porteurs de cette initiative ! Une réunion interministérielle à laquelle je fus invité m'a permis fort heureusement de démontrer avec succès les dangers d'un tel projet.

Le 8 mai 1988, le président Mitterrand est élu pour un second mandat. Michel Rocard est nommé Premier ministre et Lionel Jospin ministre de l'Éducation nationale. Ce dernier devient donc le tuteur de notre établissement, le Muséum.

Ma tâche était de solliciter un rendez-vous auprès du ministre pour lui présenter le projet de rénovation de la Grande Galerie de l'évolution et obtenir son soutien pour assurer le bon déroulement des opérations.

Le rendez-vous obtenu, je vais rue de Grenelle accompagné de mon fidèle secrétaire général Gérard Saurat. Lionel Jospin nous reçoit dans son bureau sous les ors de la République. Assis autour d'une table basse, je lui présente notre projet en vantant ses qualités et en insistant sur son importance pour le Muséum, occasion unique de sortir notre établissement de la vision d'un musée du passé, démodé et poussiéreux.

Le ministre, silencieux et visage fermé, m'écoute avec attention et ne dit mot. Je réitère ma démonstration en ajoutant un zeste d'enthousiasme ; aucune réaction ! Énervé, je répète mon argumentaire, en insistant plus fortement et en tapotant légèrement la table basse de ma main droite. Le ministre impassible me répond : « Monsieur le directeur je vous trouve bien excité ! »

Une dernière tentative et nous nous séparons sans plus d'explication.

Quelque temps plus tard, les gagnants du concours, les responsables de la mission des Grands Travaux et moi-même fûmes invités à l'Élysée pour présenter au président de la République, dans la salle des fêtes, l'imposante maquette du projet de la Galerie de l'évolution. Las ! M. Mitterrand est en retard, en grande conversation, nous dit-on, avec son Premier ministre, Michel Rocard. Les minutes s'égrènent inexorablement ; mon impatience grandit, mon angoisse s'installe, car je dois m'envoler en fin de matinée pour un long voyage jusqu'à Tahiti dans le but de visiter la station biologique du Muséum à Moorea, spécialisée dans l'étude des coraux. Enfin le président arrive, admire la maquette et félicite les architectes pour la qualité de leur projet de rénovation. Enfin libre, je me précipite sur le perron de l'Élysée pour retrouver Jacques, le chauffeur du Muséum, chargé de me conduire à Roissy-Charles-de-Gaulle. À ma grande surprise, deux motards m'attendent, avec la mission de m'escorter. Fébrile, j'indique au brigadier : « Mon avion est dans quarante-cinq minutes ; j'ai peur d'arriver trop tard ! »

Et le brigadier de me répondre : « Oh ! nous avons largement le temps ! »

Commence alors une chevauchée fantastique sur les Champs-Élysées. Aucun feu rouge n'arrête notre progression ; les voitures sont invitées à s'écarter pour nous laisser passer ; l'autoroute est rapidement atteinte porte de la Chapelle et à 120 kilomètres à l'heure nous arrivons à l'aéroport... Vingt minutes avant le départ de l'avion ! Je remercie les membres de mon escorte et je salue mon chauffeur. Celui-ci, très ému, me dit : « Mon... Mon... Monsieur le directeur, c'est le plus beau jour de ma vie ! »

Les travaux de rénovation furent menés rondement sous la coordination de Luc Tessier, membre de la mission des Grands Travaux. La mise en scène de l'exposition a été pensée en fonction de l'architecture du bâtiment et parmi les thèmes présentés, celui de l'évolution des espèces était commenté par le prix Nobel de médecine, François Jacob. Il y a une parfaite adéquation entre le contenant et le contenu de cette galerie. Le projet muséal, ambitieux, a depuis influencé d'autres musées d'histoire naturelle ; il se traduisait notamment par un spectacle sonore et lumineux dans la nef centrale, conçu par René Allio, metteur en scène de théâtre et de cinéma, avec Georges Bœuf et André Diot. Dans la voûte de la nef fut aménagée une machine à lumière qui, tout au long de la journée changeait les éclairages de manière cyclique. À intervalles réguliers, le ciel ensoleillé s'assombrissait, se couvrait de nuages, jusqu'au déclenchement d'un orage ; le bruit de la pluie envahissait l'espace, les éclairs et le tonnerre rendaient la scène très réaliste, puis le beau temps revenait. Cette scénographie, originale dans un musée d'histoire naturelle, était unique et magique.

Ayant terminé mon mandat de directeur, Hubert Curien, ministre de la Recherche, qui avait été mon professeur de minéralogie et de cristallographie en Sorbonne m'invita dans son bureau pour me convaincre avec insistance d'accepter un deuxième mandat de cinq ans. Je lui rappelai que j'avais accepté un premier mandat à condition de retrouver ensuite la recherche et mes chers dinosaures. Le professeur Fabriès responsable du laboratoire de minéralogie prit la suite de la lourde tâche de diriger le Muséum.

La Grande Galerie de l'évolution a été inaugurée le 21 juin 1994. Ce jour-là, une foule se pressait sur le parvis du bâtiment dans l'attente de l'arrivée du président Mitterrand, souffrant de la maladie qui devait l'emporter peu après.

Toutes les autorités étaient présentes, ministres, professeurs, chercheurs, sans oublier le chanteur Renaud. Soudain arrive en retard le président Valéry Giscard d'Estaing qui avait lors de son mandat décidé de la création de la zoothèque. Il se dirige vers moi et me demande de sa voix reconnaissable entre toutes : « Vulululu, meuhululu, monsieur le directeur, est-ce que le bison que j'ai chassé dans la forêt de Bialowieza est présent dans l'exposition ? »

Cette grande forêt de Pologne est le sanctuaire des derniers bisons d'Europe et la chasse y est strictement interdite.

« Mais, monsieur le président, la grande nef présente la savane africaine, votre bison ne peut en faire partie ! »

Quelques instants plus tard, le président de la République ayant coupé le ruban tricolore symbolique, la foule lui emboîte le pas et envahit la nef.

Contemplant la caravane africaine depuis le troisième étage, Renaud, Lionel Jospin et moi, sommes figés d'admiration. Je me tourne alors vers le ministre et lui demande :

« Comment trouvez-vous cette rénovation, monsieur le ministre ?

– Magnifique ! » me dit-il.

Et moi d'enchaîner :

« Vous voyez, comme j'avais bien raison d'être excité ! »

CHAPITRE V

Dessine-moi un dinosaure

La passion des dinosaures commence souvent par la découverte à l'âge de 4 ans d'un petit livre comme *Nestor, le petit dinosaure*, perdu dans la forêt à la recherche de sa maman. Elle se poursuit en feuilletant les pages de *La Grande Encyclopédie des dinosaures* avec ses innombrables représentants, carnivores ou herbivores, elle devient irrésistible avec le premier ouvrage animé, lorsqu'en tirant sur des languettes on peut lever la tête, bouger la queue et les pattes de ses dinosaures favoris. Elle atteint des sommets lorsque l'ouverture des pages d'un livre permet l'irruption d'un squelette entier en trois dimensions.

C'est ainsi que naît la dinomania ; elle sera présente jusqu'à l'adolescence. Après avoir rassemblé une collection très complète de figurines en plastique, garçons et filles veulent toujours en savoir davantage ; les plus passionnés vont écrire au Muséum, là où sont hébergés les squelettes. Dès mes premières découvertes, j'ai reçu un flux régulier de lettres agrémentées de superbes dessins ou aquarelles avec quantité de questions.

> Monsieur Dinosaure, monsieur le professeur, ou cher Philippe :
> Quelle était la couleur du brontosaure ?
> Combien d'œufs pondait un diplodocus ?
> Quel était le poids du brachiosaure ?
> Y avait-il des tricératops en Afrique ?

Quel était le plus long dinosaure ?
Combien de dinosaures as-tu trouvés ?
Le tyrannosaure était-il le plus méchant ?
Quel est ton dinosaure préféré ?
Est-ce que tu avais un doudou dinosaure quand tu étais petit ?
Pourquoi les dinosaures ont disparu ?
Sont-ils morts tous en même temps ?
Cher Philippe, réponds-moi vite. Quand tu m'auras répondu, je t'enverrai d'autres questions.

Au fil des ans, j'ai conservé toutes ces lettres si spontanées, si charmantes de Lucas, Sarah, Charlotte, Hippolyte, Lorelei, Abdou, Stéphane, Aurelio, William, Thibault, Tabatha, Kaolin, Minh, etc. Elles ont été déposées à la bibliothèque du Muséum et pourraient donner lieu à une belle étude pédagogique sur l'éveil des enfants aux curiosités des mondes du passé.

Après quelques années, j'eus la chance de faire connaissance d'un enseignant remarquable, adepte des méthodes pédagogiques Freinet, qui laissent à l'enfant des possibilités d'expression libre, par la parole, par le dessin. Pierre Guérin, pionnier de l'utilisation du magnétophone à l'école, invitait dans sa classe chercheurs, historiens, ingénieurs pour répondre aux questions très directes des enfants. L'invité répondait naturellement à chaque question ; la totalité des entretiens était enregistrée et faisait l'objet d'un montage présenté dans un disque 45-tours, accompagné d'une pochette de douze diapositives et d'un livret explicatif. Pierre Guérin créa ainsi une collection, une bibliothèque de travail sonore à destination des enseignants de l'école primaire. J'ai participé à deux reprises à cette expérience originale, pour parler des dinosaures, puis de la paléontologie. Lors de ces entretiens, impossible de se cacher derrière des mots techniques :

« Pour récolter des os de dinosaures, il faut des outils, un marteau et un burin.

– Monsieur, qu'est-ce que c'est qu'un burin ? »

Les enfants posent des questions avec une grande logique. Ainsi, lors de la visite d'une classe dans la galerie de paléontologie du Muséum, je montrais à une élève de 11 ans, le moulage en plâtre du squelette du diplodocus, long de 23 mètres.

« Tu vois, ça, c'est le diplodocus.

– Mais ! Comment sais-tu qu'il s'appelle diplodocus ? »

Excellente question à laquelle il est difficile de répondre ; on peut donner une explication sommaire ou au contraire une explication détaillée.

Dans le premier cas, il suffit de dire : le diplodocus a été nommé en 1878 par le paléontologue américain Othniel Charles Marsh qui a décrit les os d'un squelette presque complet d'un dinosaure nouveau pour la science.

Dans le deuxième cas, on peut expliquer que les noms des plantes et des animaux sont donnés par les naturalistes depuis qu'au XVIIIe siècle le botaniste Carl Linné a eu l'idée d'utiliser un nom latin propre à chaque animal ou à chaque plante. Ce système permet d'utiliser un langage que chacun peut comprendre, quelle que soit sa langue maternelle. Cette discipline des sciences naturelles que l'on appelle la systématique permet d'inventorier tous les organismes vivants existants ou ayant existé en donnant à chacun un seul nom composé de deux éléments

Un exemple simple permet de comprendre les avantages de ce système : le chien en français, s'appelle en anglais *dog*, en allemand *Hund*, en suédois *vovve*, en espagnol *perro*. En utilisant le latin *canis*, tout le monde comprend de quoi il s'agit. Le mot *canis* comprend plusieurs espèces voisines, le chien bien sûr, *Canis familiaris*, mais aussi le loup, *Canis lupus*, le renard, *Canis vulpes*, le chacal, *Canis aureus*. Ce sont quatre espèces distinctes qui font partie du seul genre *Canis*.

Diplodocus comprend plusieurs espèces : *Diplodocus carnegii* et *Diplodocus hallorum* (*diplo* : « double » ; *docus* : « poutre » ; *carnegii*, en hommage à Andrew Carnegie, le roi de l'acier américain qui a financé les recherches sur le terrain dans le Wyoming et *hallorum*, en hommage aux paléontologues Jim et Ruth Hall).

La galerie de paléontologie du Muséum avec ses dinosaures est un lieu qui fascine les enfants. L'association des Petits Princes a pour vocation de réaliser les rêves d'enfants atteints de cancers. J'ai reçu à plusieurs reprises quelques-uns de ces jeunes, émerveillés de pouvoir de leurs propres yeux admirer les squelettes qu'ils avaient vus dans leurs livres. De même, j'ai été sollicité par l'Académie des sciences pour accueillir de jeunes Ukrainiens réfugiés en France avec leurs mères.

J'ai toujours trouvé passionnant de me rendre dans des classes de collège pour dialoguer et répondre aux élèves, et en même temps comparer les différentes méthodes d'enseignement selon les lieux et les pays. En France, je me suis rendu dans un collège de Sannois à l'invitation d'une institutrice pour parler des dinosaures. Sagement assis à leur place, chaque élève ayant au préalable levé le doigt posa une question préparée en amont, et l'entretien, très agréable, fut très instructif. Plusieurs jours après, je reçus un très beau dossier avec des dessins, des aquarelles, et un résumé faisant la synthèse de nos entretiens.

Quelques semaines plus tard, je partis pour Dallas (au Texas) rendre visite à mes petits-enfants. Profitant de l'occasion, l'enseignante de leur collège m'invita dans leur classe pour parler des dinosaures. Devant un bâtiment moderne, un élève vêtu d'un gilet rouge était chargé d'assurer la circulation des imposants 4×4 venus déposer filles et garçons en uniforme. Un grand panneau indiquait le nom de celui ou de celle dont c'était le jour anniversaire. Dans la classe, allongés sur des tapis, les enfants en toute décontraction posaient leurs questions sur… les dinosaures américains !

Au Maroc, au pied des montagnes de l'Atlas, se trouve un site géologique qui nous a livré au cours de plusieurs campagnes de fouilles un grand nombre d'ossements de dinosaures. Le gisement se trouve en bordure d'un petit village du nom de Toundoute. Les enfants sortant de l'école venaient nous voir tous les jours pour assister à l'extraction des os fossiles datant du Jurassique inférieur

(180 millions d'années). Revenant chaque année sur place, nous eûmes l'idée, mon collègue suisse, géologue et ami Michel Monbaron et moi, de proposer à l'instituteur de venir dans sa classe pour expliquer aux élèves quand et comment ces ossements ont été déposés dans des couches géologiques aujourd'hui inclinées de 45 degrés.

Dans cette école les filles étaient assises derrière les tables de la rangée de droite et les garçons derrière les tables de la rangée de gauche. Au tableau, avec une craie nous avons tracé une série de schémas montrant les couches des sédiments avec leurs ossements déposés en vrac, à la suite d'une coulée de boue. Le sédiment boueux, transformé en pierre était parsemé d'aiguilles d'obsidienne, un verre provenant du refroidissement rapide d'un magma, preuve d'une éruption volcanique située dans les environs et qui avait causé la mort d'un troupeau de dinosaures. Un deuxième schéma montrait qu'à la suite de mouvements lents mais importants, les couches s'étaient plissées. Un troisième schéma montrait qu'à la suite du déplacement de l'Afrique vers le nord les couches géologiques s'étaient soulevées pour donner la chaîne de montagnes de l'Atlas, dont les sommets étaient visibles juste au-dessus de leur école. Après avoir entendu les détails de l'histoire géologique de leur région, les questions furent nombreuses. Nul doute que les enfants de retour dans leur foyer aient plongé leurs parents dans des abîmes de réflexion.

Au Laos, mes recherches m'ont conduit dans un petit village situé à l'est de la ville de Savannaketh, non loin de la frontière vietnamienne. Dans le village de Ban Tang

Vai, perdu dans la forêt, les villageois connaissaient la présence dans le sol de grosses vertèbres qu'ils attribuaient au buffle sacré qui tous les jours tire le char du soleil dans le ciel. De temps en temps, un buffle meurt et l'on retrouve dans le sol ses vertèbres. Sur place, lors de ma première mission dans le pays, je n'ai eu aucune difficulté à constater qu'en fait de buffle sacré, les vertèbres étaient celles d'un dinosaure. Chaque année nous avons extrait les ossements d'un beau sauropode, d'un dinosaure herbivore de bonne taille présenté aujourd'hui dans un musée à Savannaketh. Avec le réalisateur de documentaires Jaques Mény, nous avons tourné sur place un petit film intitulé *Chercheurs d'os au Laos*, qui, projeté en France à la télévision, eut beaucoup de succès. L'idée nous est venue alors de montrer ce film à Ban Tang Vai. Équipés d'un groupe électrogène, nous avons organisé une séance pour tous les villageois, petits et grands, à l'intérieur de la pagode du village. Énorme succès populaire ! Pour la première fois les villageois se voyaient en acteurs, les jeunes filles allant chercher de l'eau, les garçons jouant au football, les paysans labourant leurs rizières avec leurs buffles ! Des cris de joie et de plaisir ont rythmé la projection et tous ont pu voir le chantier de fouilles et surtout la reconstitution du buffle sacré… en un superbe dinosaure quadrupède. Le mythe du buffle sacré persistera-t-il chez les anciens du village ? J'en doute.

Les journaux, quotidiens, hebdomadaires et mensuels accordent une large place aux dinosaures en informant leurs lecteurs de toutes les nouvelles découvertes faites partout dans le monde. J'ai été très souvent sollicité pour commenter les nouvelles données apportées par les collègues ou pour parler de mes propres travaux. Un épisode marquant fut la publication avec mes amis portugais d'une note annonçant la présence de squelettes d'embryons d'un dinosaure carnivore dans des œufs datant du Jurassique, trouvés par la famille Mateus au sommet d'une falaise proche du village de Lourhinia au nord de Lisbonne. Cette découverte fit grand bruit, au point que la revue *Discovery* dans son classement annuel des dix meilleures découvertes, outre le clonage de la brebis Dolly, plaça nos embryons dans sa liste. Le summum fut atteint l'année de la sortie du film *Jurassic Park* de Steven Spielberg qui donna lieu à une multitude d'articles et de reportages.

Les dinosaures ont la faveur des bandes dessinées. C'est la raison pour laquelle nous avons eu, Pascal Tassy, chercheur dans mon laboratoire et passionné de BD, et moi, l'idée d'organiser une grande exposition dans la galerie de paléontologie du Muséum consacrée aux albums les plus remarquables traitant du monde mésozoïque. Des planches tirées du célèbre ouvrage *Le Voyageur du mésozoïque*, illustrant un platéosaure du Trias, de Frankin, avec Spirou et Fantasio ; *Le Piège diabolique* d'Edgar P. Jacobs, avec Blake et Mortimer ; les planches de René Chéret illustrant les célèbres épisodes de *Rahan*, le prince des hommes préhistoriques, étaient disposées auprès des squelettes. L'exposition associée au Festival de la bande dessinée d'Angoulême fut un grand succès. Lors de l'inauguration, j'ai prononcé un discours en accord avec ces albums en m'écriant avec force : « Ah, Ah, Ahaaa ! Vous voilà prisonniers dans cette machine à remonter le temps qu'est cette galerie de paléontologie ! Vous êtes condamnés à vivre jusqu'à la fin de vos jours dans l'ère mésozoïque ! »

Depuis cet événement mémorable, le dessinateur Mazan a conçu et réalisé un magnifique album intitulé *Les Dinosaures du paradis*, mettant en scène les fouilles organisées par mon successeur au Muséum, Ronan Allain, sur le gisement d'Angeac en Charente et celui de Tang Vai au Laos.

Le cinéma s'est également inspiré du *Voyage au centre de la Terre* de Jules Verne et du roman de Conan Doyle *Le Monde perdu* pour faire plusieurs films dont *Jurassic Park* ; dans le film *Un million d'années avant Jésus-Christ*, l'actrice Raquel Welch se bat avec un tyrannosaure, dans une posture qui rappelle le tableau de Raphaël figurant *Sainte Marguerite et le dragon*.

La radio est un média privilégié pour parler des dinosaures. J'ai rencontré Mathieu Vidard dans son émission sur France Inter *La Tête au carré*, l'historien Jean-Noël Jeanneney dans *Concordance des temps* et le médecin René Frydman dans *Matière à penser*, tous deux sur France Culture. Plus original, dans une émission sur Radio Monte Carlo, Françoise Hardy lisait l'horoscope du jour entre deux questions des auditeurs sur les dinosaures ; plus originale encore fut une intervention sur Europe 1. Voyant, devant les studios avenue Montaigne, une troupe de jeunes filles très enthousiastes, je crus un instant qu'elles étaient venues pour moi… Las ! elles attendaient Claude François et ses Claudettes, qui devaient chanter entre deux questions de Philippe Bouvard sur le métier de paléontologue.

La télévision est avide de traiter de sujets mettant en scène les dinosaures, que ce soit à destination des enfants mais aussi des adultes. L'émission *Les Animaux du monde* de Marlyse de La Grange a été du nombre. Plus surprenante a été ma rencontre avec Nicolas et Pimprenelle dans une séquence de *Bonne nuit les petits*, et lorsque j'ai fait connaissance avec plaisir de Casimir le dinosaure. Toutes les chaînes de télévision ont produit de magnifiques documentaires, en n'hésitant pas à venir filmer nos travaux sur le terrain. Michel Tréguer et son équipe ont fait le déplacement jusque dans le désert du Ténéré pour nous filmer en train de dégager le squelette complet d'un iguanodontidé. Le résultat a été un magnifique reportage sur TF1 intitulé *La Planète des dinosaures*. François de Closets et son réalisateur Roland Portiche vinrent en Provence pour assister à la fouille des restes de dinosaures du Crétacé supérieur pour l'émission *Les Grandes Énigmes de la science*. Jacques Mény prit l'initiative de consacrer une soirée thématique sur Arte, intitulée *Dinoeurosaurus*. Tous deux nous avons sillonné l'Europe pour visiter gisements et musées : à Bernissart en Belgique où, à la fin du XIXe siècle, un troupeau d'iguanodons fut découvert au fond d'une mine de charbon à 300 mètres sous terre, puis à l'Institut royal des sciences naturelles de Belgique ; à Berlin, au Humboldt Museum pour filmer le squelette de l'archéoptéryx, à Eichstatt en Bavière sur les gisements de calcaires lithographiques qui ont livré le petit squelette du dinosaure *Compsognathus*, proche cousin des oiseaux ; à Londres au British Museum et à Oxford pour voir les premières découvertes de ces reptiles que l'on n'appelait pas encore les dinosaures ; en Espagne pour montrer les superbes empreintes de la province de Rioja ; au Portugal pour retrouver la famille Mateus et les pontes des œufs du Jurassique. Le documentaire le plus spectaculaire, intitulé *L'Empreinte des dinosaures*, a été réalisé par Pierre Stine ; ce film, coproduit par Gédéon programmes, Discovery Channel et France 3, a bénéficié de moyens importants pour le tournage. Les équipes sont venues au Maroc sur les gisements de l'Atlas marocain, sur celui des empreintes de Demnate et celui des squelettes de Tazouda. Des effets spéciaux ont été réalisés au Canada. Assis devant l'écran d'un ordinateur, je regardai la superbe reconstitution d'*Atlasaurus* pour le voir soudain sortir de l'écran et marcher sur la table. Les séquences de paléobotanique furent tournées sur l'île des Pins en Nouvelle-Calédonie. Le film eut beaucoup de succès et a été projeté en version anglaise dans de nombreux pays.

Plus cocasses furent les enregistrements de certaines séquences destinées aux journaux télévisés du soir. J'ai vu un jour débarquer dans mon bureau un réalisateur, un caméraman et un preneur de son chargés en toute hâte de filmer dans la galerie de paléontologie un entretien sur le sujet : l'histoire de la vie sur terre. Le réalisateur me demandant de faire court, pas plus d'une minute trente, s'il vous plaît !

Plus drôle encore a été le souhait d'un journaliste pressé de contacter, pour la rédaction d'un article sur les mammifères, le professeur responsable du laboratoire de zoophilie !

Un de mes meilleurs souvenirs a été sans conteste l'invitation de Bernard Pivot à participer à son émission *Bouillon de culture* pour présenter mon livre *L'Empreinte des dinosaures* en compagnie de l'égyptologue Christiane Desroches Noblecourt. Bernard Pivot étonné d'apprendre que l'on pouvait trouver des dinosaures aussi facilement que des champignons posa d'excellentes questions avant de conclure son émission par son traditionnel questionnaire inspiré de celui de Marcel Proust :

> BERNARD PIVOT. – Quel métier n'auriez-vous pas aimé faire ?
> PHILIPPE TAQUET. – Figurant dans le film *Jurassic Park*.
> BERNARD PIVOT. – Que direz-vous à Dieu en arrivant au paradis ?
> PHILIPPE TAQUET. – Salut, vieux fossile !
> BERNARD PIVOT. – Quel est votre plus gros mot ?
> PHILIPPE TAQUET. – Merde ! de dinosaure !

CHAPITRE VI

Pique-prunes et coccinelles

En 1908, le président américain Théodore Roosevelt, grand chasseur devant l'éternel, prit conscience de la fragilité de notre planète lors d'une conférence sur la conservation des ressources naturelles. Quelques phrases lui suffirent à poser la grave menace qui pèse sur l'humanité.

> Nous nous sommes enrichis de l'utilisation prodigue de nos ressources naturelles et nous avons de justes raisons d'être fiers de notre progrès. Mais le temps est venu d'envisager sérieusement ce qui arrivera quand nos forêts ne seront plus, quand le charbon, le fer et le pétrole seront épuisés, quand le sol aura encore été appauvri et lessivé vers les fleuves, polluant leurs eaux, dénudant les champs et faisant obstacle à la navigation.

Déjà le Congrès des États-Unis avait créé en 1872 le parc national de Yellowstone, puis en 1890 les parcs nationaux de Sequoia et de Yosemite. Il fallut attendre l'année 1963 pour voir en France la création d'un premier parc national, celui de la Vanoise.

En 1962, la biologiste américaine Rachel Carlson publia *Silent Spring* (*Printemps silencieux*) un livre qui provoqua une prise de conscience par le public des problèmes liés aux pesticides et à la pollution de l'environnement, contribuant à lancer le mouvement écologiste dans le monde occidental.

L'un des naturalistes français qui traita avec le plus de force et de talent la question de la protection de notre planète a été Jean Dorst, titulaire de la chaire « Mammifères-Oiseaux » au Muséum national d'histoire naturelle. Dans un ouvrage magistral, publié en 1963, sous le titre *Avant que Nature meure*, il eut le mérite d'apporter les données les plus récentes sur les événements, les accidents, les dommages, les catastrophes dont nous sommes les témoins généralement impuissants. Il montrait l'enchaînement historique nourri d'exemples précis, auquel s'applique le rôle destructif de l'homme. Il dressait un bilan exhaustif des ravages de l'homme contre la nature sur tous les continents et sur les océans. Il donnait des exemples de la déforestation, de l'érosion accélérée, de la destruction des habitats aquatiques, du surpâturage, de l'abus des insecticides, de la rupture des équilibres biologiques, de la surexploitation des mers, de la pollution des eaux douces et marines.

Avant que Nature meure eut un grand retentissement. Les années ont passé, mais, avec ses chapitres convaincants et remarquablement écrits, le bilan de Jean Dorst reste plus que jamais d'actualité. En 1968, le terme diversité biologique est inventé par le biologiste américain Raymond Dassman, puis en 1985, celui de biodiversité est créé par le biologiste américain Walter Rosen. Il désigne la diversité et la richesse en espèces vivantes, végétales ou animales, qui peuplent la Terre, un territoire, un écosystème.

L'homme a pris conscience des menaces qui pèsent sur la biodiversité. Des institutions comme les musées d'histoire naturelle ont été créées pour inventorier, étudier, décrire et conserver le vivant. Conservateurs et protecteurs de la nature se sont organisés pour essayer de promouvoir un développement durable dans le respect de l'environnement.

Le Muséum, dont j'ai accompagné les missions de 1985 à 1990, doit donner des avis scientifiques motivés pour réunir du mieux possible des points de vue souvent très opposés. Depuis des années, ses naturalistes sont aux avant-postes pour observer et étudier l'état de la santé des milieux qui nous entourent. Du spécialiste des éléphants, à celui des loups, des ours, des mouflons, du castor, à celui des rapaces, de la grue cendrée, de l'outarde, ainsi qu'à celui des grenouilles et des couleuvres, mais aussi des papillons et des libellules, des arbres et des orchidées, tous consacrent leur métier de naturaliste à l'étude de la nature. La spécialiste très connue des araignées, Christine Rollard, peut vous accueillir dans son laboratoire pour vous montrer la variété des espèces et éventuellement calmer votre répulsion à l'égard des arachnides en vous mettant délicatement une mygale dans le creux de la main.

Deux exemples montrent la particularité et l'originalité des dossiers auxquels le Muséum peut être confronté : la saga du pique-prune d'une part, la migration des coccinelles d'autre part.

Le pique-prune (*Osmoderma eremita*) ou barbot est un petit coléoptère de 3 centimètres qui vit sur les arbres feuillus et âgés. Il est membre de la même famille que la cétoine dorée, ou hanneton des roses, un très bel insecte aux couleurs d'un vert métallique. Mais le pique-prune est banalement noir et vit caché dans le creux des troncs d'arbres vieux de plus de 40 ans. Il est xylophage, mangeur de bois, et recycle les troncs en décomposition, fabricant ainsi un milieu très favorable au développement d'une ribambelle d'autres êtres vivants.

Mais ce coléoptère charmant et discret est une espèce en voie de régression et menacée. Il est protégé par la convention internationale relative à la conservation de la vie sauvage et du milieu naturel en Europe, dite convention de Berne, créée en 1979 et ratifiée par la France et la communauté européenne. Il est sur la liste rouge des insectes de France métropolitaine sous la dénomination « En danger ».

La forêt domaniale de Bercé avec ses 3 000 hectares de feuillus et ses 2 400 hectares de résineux est un des fleurons de la forêt française. Vestige de l'immense forêt qui couvrait le nord de la Loire avant l'occupation romaine, elle est classée Forêt royale depuis le XIVe siècle. C'est l'une des plus belles réserves de chênes de France, avec des spécimens de plus de 300 ans pouvant atteindre 50 mètres de haut. Une colonie de pique-prunes a son domicile depuis des siècles dans ce milieu favorable.

Hélas ! L'aménagement du territoire a prévu de réaliser une autoroute (A28) reliant Alençon, Le Mans à Tours sur 125 kilomètres. En mars 1997, les travaux de terrassement débutent au grand dam des associations de protection de la nature. En effet, l'enquête d'utilité publique a eu le tort de ne pas prendre en compte la présence du pique-prune sur le tracé prévu à hauteur de la forêt de Bercé ! Le pique-prune étant incapable de traverser un ruban de macadam d'une largeur supérieure à 3 ou 4 mètres, le maintien de son habitat et sa survie se trouvaient gravement compromis. À la fin de l'année, les élus de la Sarthe favorables à l'autoroute sont allés plaider leur cause auprès du ministre des Transports de l'époque, Jean-Claude Gayssot ; mais aucune des mesures proposées ne permettait d'éviter la zone d'habitat du coléoptère. Un comité scientifique est alors installé pour réaliser une étude approfondie des mœurs du pique-prune ! Le comité proposa des mesures compensatoires afin de préserver le pique-prune, faute de quoi aucun feu vert ne sera donné par la Communauté européenne. Le 25 octobre 2000, les travaux sont toujours suspendus et la portion d'autoroute déjà réalisée débouche sur les champs. Le 21 juin 2002 le préfet de la Sarthe constate que l'on est au stade de la réalisation d'un document de synthèse destiné à résoudre la quadrature du cercle : comment préserver le pique-prune ! Un arbitrage est soumis au Muséum auprès du professeur Patrick Blandin, responsable du laboratoire d'écologie et acteur de l'inventaire national des zones d'intérêt faunistique et floristique en France.

Patrick Blandin avait dirigé la thèse de Jean-Marie Luce, soutenue en 1995, sur l'écologie de coléoptères en forêt de Fontainebleau, dont le pique-prune. On lui confia donc le travail de terrain pour une durée de deux ans. Un rapport fut alors rendu. La création de zones Natura 2000 était conseillée, le rapport souligna que l'impact de l'autoroute serait probablement plus faible que celui des remembrements des parcellaires agricoles qui avaient eu lieu dans les communes traversées. En effet, le pique-prune était largement présent également dans les chênes têtards plantés dans les haies. Il fut donc décidé l'élaboration d'un schéma directeur des remembrements, qui nécessita le diagnostic de toutes les haies du secteur et des quelque 17 000 arbres susceptibles d'héberger le coléoptère. Le protocole de travail puis les conclusions furent validés et, finalement, un rapport fut remis aux autorités compétentes. Il rendait ses conclusions, prenant en compte l'ensemble des mesures envisagées, au niveau de l'autoroute proprement dite et des remembrements. Les impacts résiduels ne devraient pas avoir de conséquences significatives sur les populations de pique-prunes (et de deux autres espèces, moins emblématiques, le lucane cerf-volant, *Lucanus cervus*, et le grand capricorne, *Cerambyx cerdo*). Le chantier pouvait reprendre, l'autoroute pouvait enfin relier Alençon à Tours !

Six années de péripéties pour des prunes ! Pour des pique-prunes !

Mon collègue, le professeur Jacques Carayon, directeur du laboratoire d'entomologie générale et appliquée du Muséum, a étudié en 1966, chez les punaises des lits, un mode de reproduction exceptionnel et surprenant. Il s'agit d'une reproduction par insémination extragénitale traumatique ! Alors que la femelle possède des voies génitales tout à fait normales qui fonctionnent pour la ponte, le mâle n'utilise jamais ces voies pour l'accouplement, au contraire il transperce le tégument abdominal de la femelle sur sa face ventrale avec une véritable aiguille à injection. À charge pour les spermatozoïdes de se débrouiller pour migrer dans les ovaires de la femelle. Et plus récemment le professeur s'intéressa à un insecte plus charmant, la coccinelle.

La coccinelle (*Coccinella septempunctata*), appelée familièrement bête à bon Dieu, est un charmant petit coléoptère de 5 à 8 millimètres aux élytres rouges ornées de 7 points noirs. C'est un redoutable prédateur dont les larves et les adultes se nourrissent principalement des pucerons qui prolifèrent sur les arbres fruitiers, la vigne, les cultures légumières et ornementales (surtout les rosiers). Les coccinelles peuvent vivre jusqu'à deux ou trois ans si les conditions sont favorables. Durant l'hibernation, les coccinelles tirent leur énergie de leurs réserves de graisse. La seule raison pour laquelle les coccinelles s'agglutinent dans nos maisons est la chaleur. Elles ne supportent pas le froid.

Les coccinelles sortent de leur hibernation et s'accouplent au printemps ; chaque femelle pond plusieurs centaines d'œufs par groupes de 10 à 30 au revers des feuilles, à proximité immédiate de leur garde-manger. L'idée d'utiliser les coccinelles dans la lutte biologique est née à la fin du XIXe siècle en Californie pour protéger les agrumes de l'invasion de cochenilles. Il existe aujourd'hui des élevages de coccinelles que l'on peut se procurer pour les disperser sur les feuilles des plantes infestées par les pucerons.

Dans le souhait d'améliorer les élevages, il était intéressant de mieux connaître la biologie et les habitudes des coccinelles. Car elles se déplacent au cours de leur vie d'une région à une autre, pour trouver des conditions favorables à leur développement. Le professeur Carayon se lança alors dans une étude expérimentale pour tenter de percer le mystère de leurs migrations. Avec ses étudiants, il décida de se rendre dans le sud-est de la France, non loin du charmant village de Baumes-de-Venise pour déposer dans un lieu venteux, le col de Suzette, plusieurs pièges à coccinelles.

Une semaine plus tard le professeur et ses élèves revinrent sur les lieux pour relever le nombre des captures ; lorsque soudain, de derrière les buissons, quatre gendarmes et leur brigadier se dressèrent brusquement en leur posant la question :

« Que faites-vous dans ces lieux ?

– Mais, messieurs les gendarmes, nous étudions la migration des coccinelles !

– Vous vous fichez de nous, montrez-nous vos papiers. »

Les entomologistes avaient innocemment placé leurs pièges au bord du plateau d'Albion, non loin d'un site stratégique de l'armée : celui des silos abritant des fusées intercontinentales pour la défense de notre territoire. Une personne du cru observant des mouvements suspects avait signalé la présence de possibles espions et la maréchaussée s'était rendue sur place pour tirer au clair cette affaire.

De sorte que je reçus un coup de téléphone de la gendarmerie d'Apt :

« Allô, monsieur le directeur, pouvez-vous nous éclairer sur la présence de prétendus chasseurs de coccinelles du Muséum dans un lieu hautement stratégique ?

– Affirmatif mon brigadier ! Il s'agit bien de chercheurs naturalistes, en mission officielle, qui luttent pour éradiquer les pucerons à l'aide des coccinelles françaises. »

CHAPITRE VII

Éléphantesque

Trois cent cinquante ans ont fait du Muséum national d'histoire naturelle un grand établissement dont les vocations scientifique, culturelle et pédagogique sont connues dans le monde entier.

On y vient par milliers visiter des lieux historiques, découvrir un jardin extraordinaire, un parc zoologique étonnant et des galeries d'exposition spectaculaires. Enfants et adultes, romanciers et poètes, peintres et sculpteurs, photographes et cinéastes, naturalistes amateurs et professionnels, qu'ils soient français ou étrangers, viennent s'imprégner de ces lieux enchanteurs.

Des chercheurs passionnés consacrent leur temps dans des laboratoires à étudier les produits des trois règnes de la nature : les animaux, les plantes et les pierres. Le visiteur ne peut imaginer la diversité de leurs travaux.

Durant mes cinq années passées à la direction du Muséum, j'ai rencontré des naturalistes plongés dans des activités aussi surprenantes que variées. L'étude de la migration des coccinelles, le dégagement du crâne d'un mammouth, la pollinisation des orchidées, la pose de bagues à la patte des oiseaux, l'enregistrement du chant des baleines, la récolte de météorites, la chasse aux papillons tropicaux, le mode de vie des mygales, la taille des racloirs préhistoriques, le peignage des girafes et l'écologie des ratons laveurs…

La réputation du Muséum est due également à la richesse et à la diversité de ses collections, géologiques, botaniques, ornithologiques, minérales, paléontologiques et ichtyologiques et de ses collections vivantes : lions, lémuriens, okapis, crocodiles et éléphants.

Tenez, à propos d'éléphants, je ne résiste pas à vous conter quelques histoires, la dernière m'étant arrivée en 1985.

Au printemps 1794, les armées de la jeune République française envahissent la Hollande ; non loin de La Haye, les militaires découvrent avec stupeur un couple d'éléphants vivant dans la ménagerie du gouverneur de la province, le *stathouder* Guillaume Frédéric d'Orange. Selon les lois de la guerre de l'époque, ces précieux animaux sont saisis et les commissaires de la Convention nationale décident de les transférer à Paris au Jardin des Plantes. Le jardinier du Muséum, Thouin, émerveillé, souligne que ces monstres de matière et miracles de l'intelligence n'étaient pas d'une manipulation aisée et qu'il fallait prévoir des moyens de transport adaptés. Après bien des péripéties les deux éléphants débarquèrent au Muséum le 23 mars 1798. Le mâle Hans et la femelle Parkie devinrent les vedettes de la ménagerie ; le public parisien se pressa devant leur enclos et il fallut établir des billets d'entrée.

Le bien-être des pachydermes inquiétait les professeurs qui décidèrent de leur offrir, le 29 mai 1798, un concert surprise, interprété par seize musiciens prestigieux du conservatoire, avec au programme Glück, Rameau et quelques airs à la mode, dont « Ah ! Ça ira », ainsi que

« Ô ma tendre musette » du compositeur Pierre-Alexandre Monsigny. Les deux éléphants furent sensibles au torrent d'harmonies, surtout la femelle qui sembla prendre un vif plaisir à la musique ; le citoyen Migner composa également une épître aux éléphants de la ménagerie nationale.

Hélas, Hans mourut le 6 juin 1802. On raconte que Parkie pleura son compagnon en le caressant du bout de sa trompe. Georges Cuvier, l'un des fondateurs de l'anatomie comparée saisit l'occasion pour se livrer à une étude détaillée de l'animal ; il le disséqua pendant dix jours et dessina d'admirables planches des muscles de la tête, de la trompe et du corps. C'est avec l'étude des éléphants de l'époque qu'il fit pour la première fois la preuve de l'existence de deux espèces vivantes : l'éléphant d'Inde et l'éléphant d'Afrique ; il montra ensuite que les ossements et les dents du mammouth trouvés dans les glaces de Sibérie étaient également ceux d'une autre espèce d'éléphant, mais d'une espèce éteinte, signant ainsi la naissance d'une nouvelle science : la paléontologie ou l'étude des espèces du passé.

La deuxième histoire d'éléphant eut lieu en 1957, lorsque mon collègue et ami Yves Coppens, alors étudiant en Sorbonne, débutait ses recherches sur les proboscidiens. Il souhaitait connaître l'anatomie des éléphants actuels, en particulier les traces laissées par les muscles sur les os, pour les comparer à ceux des espèces fossiles. Il était en famille en Bretagne lorsqu'il reçut un télégramme du Muséum : « Éléphant mort ! Venir d'urgence ! » Sautant dans le premier train, il revint à Paris au plus vite et se rendit au laboratoire d'anatomie comparée où l'attendait dans un hangar le cadavre de Micheline, femelle du zoo de Vincennes morte quelques jours auparavant. Mais c'était l'été et, malgré le formol imbibant le corps, la putréfaction ne tarda pas à faire son œuvre ; une terrible odeur envahit l'îlot Poliveau. Coppens m'a raconté que, très rapidement, les pêcheurs de la Seine venaient le matin rue Buffon faire provision d'asticots, tandis que lui-même, « pestiféré », rentrait le soir chez lui en évitant les transports parisiens.

Enfin, le 6 juin 1985, le Premier ministre de l'Inde, Rajiv Gandhi vint en visite officielle à Paris et rencontra à l'Élysée le président François Mitterrand. Le soir, une brillante réception devait accueillir la délégation indienne et les officiels français. Un coup de téléphone du secrétariat de l'Élysée m'informe que le chef de l'État indien arrivera en France avec un cadeau, conformément à la tradition. À ma grande surprise, j'apprends que le cadeau, n'est rien moins qu'une petite éléphante et que ce présent sera remis officiellement à la France le soir même au cours de la réception. Je suis sollicité pour fournir deux soigneurs du zoo de Vincennes chargés de s'occuper du bien-être de la petite femelle et de veiller, lors de la remise du cadeau, à la sécurité des personnes présentes.

Pas de problème, les instructions sont données aux personnels du zoo de se préparer. Il est décidé que nous allons habiller de blanc deux soigneurs pour plus de couleur locale. Mais le secrétaire ajoute un détail qui ne laisse pas de m'étonner et qui a son importance : le cadeau sera remis à l'issue de la réception, au premier étage de la tour Eiffel !

En fin de journée les opérations sont lancées. Arrive au pied la tour un camion transportant la jeune éléphante d'Inde âgée de 2 ans. Oh, surprise ! Elle est joliment peinte, selon la tradition indienne, de très belles couleurs, bleu, jaune et vert.

La montée du cadeau par l'ascenseur s'effectue sans encombre, et notre aimable mammifère est placé derrière le buffet pour des raisons de sécurité. Tout se passe parfaitement bien et la femelle reste très tranquille ; elle et le public semblent apprécier la qualité de la réception. Las ! il se fait tard et le cadeau semble avoir sérieusement soif. Dès lors, il suffit à la demoiselle d'allonger sa trompe pour aspirer le contenu des verres de jus de fruit, d'eau minérale… et d'alcool présents sur le buffet.

La fête est finie ! Mme Mitterrand est désormais la marraine de l'éléphante ; cette dernière, légèrement ivre, reprend l'ascenseur en titubant quelque peu et réussit à monter dans son camion. Elle arrive sans problème au zoo de Vincennes.

Le lendemain matin, je reçois un coup de téléphone de l'Élysée. Mme Mitterrand demande des nouvelles de sa filleule ; celle-ci a été prise en charge par nos vétérinaires, je peux donc transmettre des nouvelles rassurantes sur son état de santé ; elle s'est bien adaptée à son nouvel enclos. Je pousse un ouf de soulagement.

C'est la fin d'un épisode cocasse et inattendu. Mais quelques mois plus tard la situation se complique.

Au zoo de Vincennes, juste à côté de l'emplacement où se trouve notre demoiselle, vit un magnifique colosse en la personne du célèbre éléphant Siam. Ce mâle superbe, armé d'une paire de défenses impressionnantes est un pensionnaire du zoo depuis plusieurs années. C'est une personnalité célèbre qui a présenté des numéros dans le cirque suisse Knie, puis dans le film de Pierre Étaix, *Le Cirque*. Devenant au fil des ans quelque peu belliqueux, il avait été confié par sécurité au Muséum.

Oui ! Mais la situation va se compliquer ; Siam tombe amoureux de sa jeune voisine et à l'instant où les deux éléphants furent réunis ce qui devait arriver arriva. Siam a profité de la situation et abusé de la jeune femelle, qui est alors tombée enceinte à un âge beaucoup trop jeune pour une éléphante. La filleule de Mme Mitterrand enceinte ! Que va-t-il se passer ? Nos vétérinaires se plongent dans les traités d'élevage des éléphants pour constater que la situation qui se présente est à haut risque.

Il va falloir être patient et attendre vingt-deux mois en espérant que la gestation se passe pour le mieux. Lorsque la date de l'accouchement se rapproche, une certaine fébrilité s'empare des personnels. On installe dans l'enclos où elle doit mettre bas une caméra vidéo pour ne rien rater de la naissance, un évènement unique dans les annales du zoo.

Enfin l'heureux événement se produit. La jeune femelle s'accroupissant sur son train arrière, met au monde un beau bébé de 100 kilos qui tombe littéralement sur une épaisse couche de paille. Soigneurs et vétérinaires respirent.

Le palais de l'Élysée est prévenu, car la tradition veut que la marraine vienne en personne donner un prénom à l'animal. Puis-je appeler la présidence une nouvelle fois ? Hélas, la mère stressée refuse d'allaiter son enfant et les vétérinaires s'inquiètent pour sa survie. Pendant une semaine, ils se relaient pour donner des biberons au nouveau-né. Finalement la situation redevient normale et la maman consent à nourrir son petit.

Commence alors le dernier épisode de ce feuilleton. Je contacte la présidence pour annoncer la bonne nouvelle et prévenir Mme Mitterrand qu'elle est attendue pour donner un nom de baptême à sa filleule. Il m'est répondu qu'elle est au Japon en compagnie de Jack Lang, qu'elle sera de retour le lundi suivant et qu'elle se rendra au zoo le même jour à 17 heures.

Au jour et à l'heure dits, je me rends au zoo de Vincennes pour accueillir la marraine. Et, en effet, très ponctuellement arrive une voiture officielle entourée de deux voitures de police tous gyrophares allumés. J'accueille la première dame et ses deux gardes du corps. Ces derniers sont porteurs de cadeaux : un carton de bananes et un carton de sucres de l'Élysée. Nous nous dirigeons vers l'enclos des éléphants.

Je suggère à Mme Mitterrand d'ôter la très belle écharpe rouge qu'elle porte autour du cou en lui expliquant que nos éléphants, dans un moment d'émotion, pourraient tirer sur celle-ci à travers la grille, au risque d'un étranglement, ce qui serait bien fâcheux. Nos pensionnaires se sont levés très aimablement et ont passé leur trompe à travers les barreaux pour recevoir quelques caresses.

La première dame proposa pour sa filleule le nom de Poonah, nom d'une ville importante de l'État du Maharashtra située à environ 150 kilomètres de Bombay, mettant un point final à cette histoire éléphantesque.

Poonah vécut heureuse et eut quelques enfants.

CHAPITRE VIII

La Vénus et l'Assassin

Le 9 août 2002, devant plus de 5 000 personnes, dont le président sud-africain Thabo Mbeki et Nelson Mandela, eurent lieu les obsèques de Saartje Baartman, une jeune femme Bushmen, improprement surnommée en Europe « la Vénus hottentote ». La foule était rassemblée sur le terrain de sport du petit village de Hankey. Sa dépouille mortelle, lavée avec du sang d'animaux et purifiée par le feu et l'eau, comme le veut la tradition, fut inhumée dans sa terre natale, dans la vallée de la Gamtoos, près du Cap où elle était née il y a deux cent treize ans. Il y a quelques mois encore, elle était stockée dans les caves du musée de l'Homme à Paris. Elle était le symbole des Africains victimes du racisme et du colonialisme.

En 1810, le chirurgien militaire écossais Alexander Dunlop, fasciné par les particularités anatomiques de Saartje Baartman, comme la largeur de ses hanches et l'énorme protubérance de ses fesses, l'emmena en Grande-Bretagne en lui faisant miroiter la possibilité de gagner beaucoup d'argent si elle acceptait d'être présentée au public londonien. Dès septembre, des gravures et des placards publicitaires révélaient l'existence de la Vénus hottentote. Sous les regards incrédules et fascinés des badauds londoniens, elle personnifia la femme *sauvage* des antipodes, au cours de présentations mêlant l'étrange, l'exotisme et l'érotisme. Sur les foires anglaises, chacun pouvait contempler pour un shilling, « un parfait exemple de la plus extraordinaire tribu de la race humaine » ! Ainsi débuta un épisode sordide de l'impérialisme des Européens, des préjugés et de l'histoire des sciences.

Puis elle s'installa à Paris à partir de septembre 1814. Elle fut exhibée pendant des heures au Palais-Royal. Un certain Réaux, montreur par ailleurs d'animaux, proposa au Muséum en mars 1815, une séance d'étude et de croquis. Durant trois jours, les anatomistes Georges Cuvier et Henri de Blainville étudièrent les particularités de son corps. Bien qu'ayant la réputation d'être prostituée, elle refusa cependant de leur dévoiler son intimité, en particulier ses lèvres vaginales allongées cachées derrière un tablier de peau, une configuration de son anatomie jugée propre aux femmes d'Afrique australe. Blainville tenta de la soudoyer en lui proposant de l'argent. Une indemnité de 100 francs lui fut tout de même versée. Dans les derniers jours de décembre 1815, la carrière de la pauvre Saartje prit fin lorsqu'elle mourut, peut-être de la variole.

Le 2 janvier 1816, le *Journal des débats politiques et littéraires* publiait un avis de décès : « La Vénus hottentote, que l'on voyait à Paris depuis environ quinze mois, est morte la semaine dernière après une maladie de huit jours... On dit que les professeurs du Muséum d'histoire naturelle ont demandé que son corps fût mis à leur disposition. » En mars 1816, Étienne Geoffroy Saint-Hilaire écrit en effet au préfet de police de Paris pour autoriser la livraison du corps et sa dissection par Cuvier et ses assistants, afin de servir à l'instruction de l'anatomie comparée. Après acceptation, le transfert du cadavre se fait discrètement de nuit.

Cuvier a rendu compte de ses observations dans un mémoire du Muséum :

> Il n'est rien de plus célèbre en histoire naturelle que le tablier des Hottentotes, et en même temps il n'est rien qui ait été l'objet de plus nombreuses contestations... J'ai l'honneur de présenter à l'Académie les organes génitaux de cette femme, préparés de manière à ne laisser aucun doute sur la nature de son tablier...

La description anatomique de Cuvier est terriblement raciste, sexiste et morbide ; elle est certes typique des écrits anthropologiques du début du XIXe siècle, mais elle illustre parfaitement ce que le célèbre chercheur américain, Stephen Jay Gould a appelé la « mal-mesure de l'homme ». Elle demeure une tache indélébile dans la longue liste des publications du grand naturaliste français.

Après la dissection, le sexe et le fessier firent l'objet de moulages en cire ; tandis que le cerveau était conservé dans un bocal, un moulage en plâtre de son corps et la préparation de son squelette achèveront cette sinistre besogne. Le moulage du corps et le squelette furent exposés dans la galerie d'anatomie comparée terminée en 1817 selon la directive de Cuvier. Ils se trouvaient au rez-de-chaussée de la galerie jouxtant la grande salle des squelettes d'animaux. Sur les côtés on pouvait voir des squelettes humains de divers âges et de diverses nations dont on signalait les plus remarquables. C'est là qu'était présentée la Vénus hottentote. Ses restes côtoyaient le squelette d'un Italien pourvu d'une vertèbre lombaire surnuméraire, celui d'un ancien Égyptien tiré d'une momie, celui d'un nain qui appartenait au roi Stanislas, célèbre sous le nom de Bébé, celui du jeune Syrien qui avait assassiné le général napoléonien Kléber ; enfin sur des tablettes, des squelettes de fœtus montraient l'accroissement progressif du corps humain jusqu'à la naissance.

En 1898, la nouvelle galerie d'anthropologie du Muséum est inaugurée dans un bâtiment imposant situé le long de la rue Buffon. La Vénus était exposée à l'entrée de cette galerie, tandis que les collections phrénologiques du célèbre anatomiste allemand Franz-Joseph Gall (fondateur d'une discipline qui apprenait à juger des facultés intellectuelles et morales de l'homme par l'étude des bosses du crâne) étaient reléguées dans une annexe des sous-sols hors de la vue du public. Ses collections comprenaient une centaine de célébrités sous forme de crânes ou de moulages, de têtes ou de cerveaux. L'exposition resta en place jusqu'en 1936, date à laquelle un musée de l'Homme était créé sur la colline de Chaillot ; dès lors la Vénus fut présentée dans une galerie d'anthropologie consacrée aux races humaines et fossiles. En 1967, mon collègue André Langaney, nommé directeur du laboratoire d'anthropologie biologique, scandalisé par l'accumulation morbide de squelettes et opposé au bien-fondé de l'idée de race, décida de mettre en réserve les objets litigieux.

La Vénus fut retirée de l'espace d'exposition et la galerie des races actuelles fut démantelée en 1974.

En 1995, une première demande de restitution des restes anatomiques de Saartje fut faite par le représentant de la communauté des aborigènes Khoikhoi d'Afrique du Sud. Elle était annoncée comme une mesure répondant à la dignité et au respect envers les morts. En avril 2002, après de longs mois de négociation au sein de l'ambassade d'Afrique du Sud en France, en présence d'officiels sud-africains et du ministre français de la recherche, Roger Gérard Schwartzenberg, les restes de Saartje Baartman furent transférés en Afrique du Sud. Un communiqué officiel a témoigné que cette restitution marquait la volonté de la France et de la république d'Afrique du Sud de rendre sa dignité à Saartje Baartman et de faire en sorte que sa dépouille puisse reposer en paix dans son pays natal.

En juin 2011 a eu lieu dans l'auditorium de la Grande Galerie de l'évolution une journée d'étude d'histoire des sciences consacrée à « La Vénus hottentote, entre Barnum et Muséum ». Sollicité par les organisateurs, j'ai donné lecture d'une communication sous le titre : « Les corps de Saartje Baartman et de Georges Cuvier sous le regard de la science du dix-neuvième siècle. » À leur mort, les corps de l'une et de l'autre furent autopsiés et disséqués. Dans le premier cas, il s'agissait de savoir ce qu'avaient de « primitives » les particularités anatomiques de la Vénus et, dans le second, de savoir si le cerveau du célèbre naturaliste pouvait présenter des caractéristiques liées à son intelligence « supérieure ».

Le jeune Cuvier était âgé de 19 ans lorsqu'il devint précepteur à Caen dans une famille noble de Normandie. Il y fait connaissance d'un valet de chambre noir nommé Takola et, avec l'aide de ce dernier, il commence à collectionner les oiseaux. Écrivant à un ami allemand, il évoque son serviteur : « Il est intelligent, aime la liberté, et est plus réglé dans toute sa conduite que beaucoup d'Européens ; il sait bien lire et écrire ; il connaît la musique, l'arithmétique, et ne s'est jamais enivré. Tu ne peux pas te faire une idée de sa gaîté et de ses inépuisables bons mots. » Plus tard, Cuvier s'indigne à la lecture d'un ouvrage allemand intitulé *Histoire de l'humanité*, édité en 1786, qui proposait une distinction et une hiérarchisation des races. Il reprend pour son ami allemand les arguments de Buffon qui avait écrit : « Le climat, le froid et le chaud influent si fort sur la couleur des cheveux des hommes et du poil des animaux, qu'il n'y a point des cheveux noirs dans les royaumes du Nord, et que les écureuils, les lièvres, les belettes et plusieurs autres animaux y sont blancs ou presque blancs, tandis qu'ils sont bruns ou gris dans les pays moins froids. »

Mais, au fil des ans, la passion de Cuvier pour l'anatomie comparée devient obsessionnelle ; le naturaliste veut rassembler des collections, étudier les organes et les squelettes de tous les animaux qui lui tombent sous la main. En Normandie, il dissèque le larynx de bon nombre d'oiseaux pour comprendre la variété de leurs chants ; puis à peine arrivé à Paris, avec l'aide d'un assistant, il dissèque sur une table de marbre rouge, le cadavre d'un prêtre, mort à la Pitié et non réclamé. Des mollusques marins, des poulpes, un cheval, un zèbre, des singes, et même, en 1802, un éléphant finissent sous le scalpel du naturaliste. Pour connaître les diverses races d'hommes, écrit Cuvier, il faut étudier « le sauvage, le primitif » avec une approche scientifique « car de tous les termes de comparaison que nous pouvons choisir, il n'en est point de plus curieux, de plus fécond en méditations utiles que celui que nous présentent les peuples sauvages ». Au départ de l'expédition Baudin autour du monde, Cuvier rédige une *Note instructive sur les recherches à faire relativement aux différences anatomiques des diverses races d'hommes.*

> Les voyageurs ne doivent négliger aucune occasion lorsqu'ils peuvent visiter les lieux où les morts sont déposés, lorsqu'ils seront témoins de quelque combat ou qu'ils y prendront part. Lorsqu'ils pourront d'une manière quelconque, disposer d'un cadavre, ils doivent soigneusement noter ce qui a rapport avec l'individu dont ce cadavre proviendra, autant qu'ils pourront le savoir. Des squelettes entiers seraient infiniment précieux.

Mais tout a une fin. Le 13 mai 1832, Cuvier meurt soudainement dans sa soixante-deuxième année en pleine épidémie de choléra. Deux jours plus tard, onze messieurs habillés de noir, la mine grave, réunis dans l'un des bâtiments du Jardin des Plantes, se penchent sur le corps du naturaliste. Ils ont la mission délicate de pratiquer son autopsie. Autour de la table : Orfila, doyen de la faculté de médecine, Dupuytren, chirurgien des rois Louis XVIII et Charles X, Duméril professeur d'anatomie à la faculté de médecine, Allard et Biet, médecins, Caffe, interne en médecine, Valenciennes, professeur de zoologie au Muséum, Laurillard, aide naturaliste, Rousseau, chef des travaux anatomiques au Jardin des Plantes, Andral, professeur d'anatomie pathologique et enfin Bérard, professeur de physiologie.

Cet aréopage est chargé de l'examen de l'homme qui a disséqué des centaines d'êtres vivants, qui en a dénombré tous les muscles, examiné tous les nerfs et nommé tous les organes ; de celui que ses admirateurs inconditionnels avaient baptisé le « Napoléon de l'intelligence », une expression admirative pour le savant, mais peu flatteuse pour les capacités intellectuelles de Napoléon.

On ouvrit alors le canal rachidien, du trou occipital à la région lombaire, la moelle épinière est incisée sur la ligne médiane, le bulbe rachidien, le cervelet et toute la masse des hémisphères cérébraux sont divisés couche par couche et en tranches minces ; on procéda ensuite à la dissection des ganglions cervicaux, du pharynx et de l'œsophage. Les physiologistes présents s'intéressèrent également au rapport existant entre les capacités intellectuelles et le volume des lobes cérébraux. L'encéphale de M. Cuvier pesait 1,791 kilo ; il surpassait celui d'un homme normal… et plus encore celui d'une femme ! Aucune des personnes qui assistaient à l'ouverture du corps n'avait mémoire d'avoir vu un cerveau aussi plissé.

L'anatomie du cerveau du fondateur de l'anatomie comparée peut-elle rendre compte de ce que furent les talents et les qualités, l'intelligence et les défauts, les passions et les manies, le sens de l'organisation et la clarté du langage d'un homme exceptionnel, d'un savant qui aura marqué son siècle ? Certainement pas. Cette autopsie, courante au milieu du XIXe siècle, était alors considérée comme normale, tout comme fut considérée comme normale la dissection de Sarah Baartman en 1816.

Les autopsies de Saartje Baartman et de Georges Cuvier étaient parfaitement inutiles ; les descriptions détaillées de celles-ci constituent des témoignages édifiants et spectaculaires du regard que les hommes portaient sur eux-mêmes au début du XIXe siècle.

Le squelette de la Vénus hottentote a été exposé dans les galeries du Muséum durant de longues années. À ses côtés, dans la même vitrine, se trouvait le squelette de l'assassin du général Kléber dont l'histoire mérite également d'être contée.

Le 5 mars 1798, le Directoire, ce régime qui gouverne la France depuis la fin de la Convention nationale, décide d'envoyer une expédition militaire en Égypte, sous l'appellation discrète d'Armement de la Méditerranée. Le jeune Napoléon Bonaparte est chargé de diriger cette expédition. Le mathématicien Gaspard Monge et le chimiste Claude-Louis Berthollet, pressentis par Bonaparte, sont chargés de contacter leurs confrères, leurs élèves et leurs amis pour constituer ce qui sera nommé plus tard la Commission des sciences et des arts de l'armée d'Orient.

Sont ainsi enrôlés le naturaliste du Muséum Étienne Geoffroy Saint-Hilaire, le minéralogiste Déodat Gratet de Dolomieu, le peintre Henri-Joseph Redouté, frère cadet du célèbre peintre des roses, le chirurgien Dominique Larrey, auxquels il faut ajouter des pharmaciens, des ingénieurs géographes, des Ponts et Chaussées, du génie maritime, des mécaniciens, des astronomes, des architectes, des économistes, des imprimeurs, des graveurs, des peintres, des sculpteurs, des musiciens, des littérateurs... Au total cent cinquante-quatre membres composent la commission dont la direction est assumée par le général Maximilien de Caffarelli du Falga, membre associé de l'Institut dans la classe des sciences morales et politiques.

L'expédition d'Égypte prit un caractère exceptionnel avec les travaux de cette commission. L'égyptologie, les sciences naturelles et physiques, les techniques lui doivent de multiples progrès. Le 14 août 1799, Bonaparte nomme deux commissions de savants pour achever l'exploration de la haute Égypte, mais trois jours après, à la surprise générale, il abandonne son armée pour rentrer en France avec Monge et Berthollet, non sans avoir confié le commandement de son armée au général Kléber. Kléber, furieux en apprenant le départ du général, a le sentiment d'être pris au piège, mais il doit assumer ses nouvelles responsabilités. Il était âgé de 50 ans et son prestige était grand dans l'armée d'Orient.

Le 14 juin 1800, après avoir passé une revue militaire, il déjeune avec son chef d'état-major, puis fumant sa célèbre grande pipe en écume de mer, se promène dans le jardin du palais d'Elfy-Bey, quartier général de l'armée française, accompagné de l'architecte Protain. Soudain, d'un massif surgit un jeune Arabe qui s'approche du général comme pour solliciter une aumône et lui porte plusieurs coups de poignard. Kléber est atteint mortellement. L'assassin, dont les vêtements sont tachés de sang, est rapidement capturé. Il se nomme Soleyman el-Alaby ; originaire d'Alep il est issu d'une famille kurde très religieuse ; son père l'a envoyé au Caire pour étudier à la mosquée Al-Azhar en 1797.

Soleyman est déclaré coupable après avoir avoué sous la torture. La sentence tombe, l'homme est condamné par le conseil de guerre français à avoir les poings brûlés puis à être empalé vif. Le chirurgien Dominique Larrey a raconté son martyre : « Le courage et le sang-froid avec lequel Soleyman se laissa brûler la main droite et empaler étonnent l'homme sensible et prouvent combien la ferme volonté de l'individu influe sur les sensations physiques. Il vécut environ quatre heures, au milieu des plus cruelles souffrances, sans faire entendre une seule plainte. » Son squelette sera expédié en France dans les bagages de l'armée d'Orient, le 9 août 1801.

Le squelette exposé pendant longtemps dans les galeries d'anatomie comparée, puis d'anthropologie du Muséum avec celui de la Vénus, fut finalement rangé dans une grande boîte en carton et placé dans les réserves du musée de l'Homme.

J'étais tranquillement installé dans mon bureau de directeur du Muséum, lorsque, le 6 avril 1990, une dépêche de l'agence de presse AFP publia l'information suivante.

> 3 avril. Dans un communiqué manuscrit en arabe remis à une agence de presse occidentale à Beyrouth, l'organisation de l'action révolutionnaire – Front de la résistance arabe – Unité du martyr Soleiman Halabi, affirme qu'elle accorde un délai d'un mois au gouvernement français pour transférer les restes du martyr Soleiman Halabi vers n'importe quelle terre arabe, faute de quoi nous engagerons des actions contre les intérêts français.

Cette organisation s'était manifestée pour la première fois le 31 mars, en revendiquant un attentat à Beyrouth-Ouest contre un employé de l'ambassade de Pologne, et avait mis en garde le gouvernement polonais contre toute aide au transport des Juifs soviétiques vers les terres saintes de Palestine.

Décrochant mon téléphone, je contactai alors le commissaire de police du 5e arrondissement pour l'informer de cette fâcheuse nouvelle. Le commissaire Arzell fut rassurant et me dit de ne pas m'inquiéter.

Las ! dix minutes après avoir raccroché, une équipe de la télévision française arrivait en trombe dans mon bureau pour me demander la permission de filmer l'assassin de Kléber pour le présenter au journal télévisé du soir.

Interloqué, je cherchais à calmer les ardeurs des journalistes.

« Messieurs, j'ignore complètement où se trouve ce que vous cherchez. Il y a 10 000 squelettes dans les collections du musée de l'Homme et je suis bien incapable de vous satisfaire. »

L'affaire en est restée là. Les journalistes sont repartis bien déçus. Le squelette repose toujours dans sa boîte en carton à l'abri des regards indiscrets. Faut-il renvoyer au Caire l'assassin de Kléber ? Je n'ai pas de réponse à cette question. À ce jour, il n'a fait l'objet d'aucune autre réclamation officielle.

CHAPITRE IX

Le Pharaon et l'Empereur

Mme Christiane Desroches Noblecourt a été une égyptologue de grande renommée. Conservatrice générale du département des antiquités égyptiennes du Louvre, elle a contribué au sauvetage des temples de Nubie, notamment celui d'Abou Simbel. Celui-ci, menacé par la montée des eaux du Nil en raison de la construction d'un barrage gigantesque, fut démonté, déplacé et rebâti au terme d'un chantier pharaonique, en un lieu plus haut de soixante mètres.

D'une forte personnalité et d'une énergie à toute épreuve, elle réussit, en pleine guerre froide, à obtenir des autorités égyptiennes l'autorisation de réaliser cette opération incroyable. Dans le même temps, elle demande une entrevue avec le général de Gaulle, qui ignore l'engagement qu'elle a pris au nom de son pays. En apprenant la nouvelle, le Général se raidit et semble avoir répondu :

« Comment avez-vous pu, madame, engager la France ainsi, sans en référer à qui que ce soit ?

– Mais, général, dans mon humble domaine, je n'ai fait que m'inspirer de votre action. N'avez-vous pas, un jour, fait cette déclaration sublime dont nos cœurs gardent encore l'écho : “La France a perdu une bataille, elle n'a pas perdu la guerre” ? Avez-vous pris à cette époque le temps de consulter le gouvernement ? »

Après deux années d'un travail assidu, Abou Simbel fut inauguré le 22 septembre 1968 sur son nouveau site.

En 1976, Mme Desroches Noblecourt se lance dans le projet de la présentation à Paris d'une grande exposition consacrée au pharaon Ramsès II, et elle réussit encore une fois à convaincre l'Égypte de présenter les trésors du musée du Caire, ainsi que sa célèbre momie. Mais celle-ci est en mauvais état, attaquée par des champignons. Le président Valéry Giscard d'Estaing persuade le chef de l'État égyptien, Anouar el-Sadate, de laisser, pour la première fois, le pharaon quitter son pays, arguant du fait que les spécialistes français seraient capables de soigner l'illustre dépouille.

Le 26 septembre 1976 à 18 h 30 un avion Transall de l'armée de l'air française atterrit sur la base militaire du Bourget avec à son bord le pharaon Ramsès II. Sur le tarmac, un comité d'accueil impressionnant attend l'appareil. La garde républicaine en grande tenue, sabre au clair, est présente et un détachement de l'armée rend les honneurs militaires à la momie vieille de trois mille ans, en présence de Mme Alice Saunier-Seïté, secrétaire d'État aux Universités. Dans l'avion chargé d'accompagner l'illustre visiteur se trouve Jacques Richir, responsable de l'atelier de moulage et de préparation des fossiles de notre laboratoire de paléontologie du Muséum ; il est le meilleur spécialiste en France de l'emballage et du transport de pièces très fragiles. Il a été chargé de se rendre au Caire pour préparer la caisse capitonnée dans laquelle reposera la momie. Il faut souligner qu'il fait partie d'une dynastie prestigieuse ; son père, André Richir, mouleur et préparateur en anatomie à l'École nationale vétérinaire d'Alfort, fut l'un des plus grands mouleurs du XXe siècle ; il était chargé de reproduire en plâtre tous les organes des chevaux, des bovins et des ovins, utilisés pour l'enseignement des élèves.

Le déchargement de l'impressionnante caisse a lieu sans encombre. Elle fut placée avec précaution… dans le fourgon de notre laboratoire (!) dont le chauffeur, Pierre Barrat, ancien de la deuxième DB, est un fidèle employé du Muséum. Le véhicule escorté par les motards se rend au musée de l'Homme pour déposer son précieux chargement dans une chambre stérile climatisée. Le lendemain, dans un silence religieux en présence de l'ambassadeur d'Égypte en France, de Mme Saunier-Seïté, de Mme Desroches Noblecourt et du professeur Lionel Balout, titulaire de la chaire de préhistoire, la caisse est ouverte devant les caméras d'une équipe de la première chaîne de télévision. On a ôté les bandelettes qui entouraient le corps ; Ramsès II est très impressionnant ; il a les cheveux roux, les yeux peints au niveau des orbites ; ses mains croisées sur la poitrine devaient tenir de son vivant le sceptre et le fléau, symboles de sa royauté.

Ramsès II est mort à l'âge de 80 ans ; il fut le pharaon le plus médiatisé de l'Antiquité égyptienne ; les soixante-sept années de son règne s'accompagnèrent d'une période de paix et de prospérité que l'Égypte ne retrouvera plus jamais. C'est lui qui fit construire le fameux temple d'Abou Simbel. Sur l'obélisque qui trône au centre de la place de la Concorde à Paris, on peut lire cette inscription qui résume la vie du pharaon :

> Ramsès, conquérant de tous les peuples étrangers, maître de toutes les têtes couronnées, Ramsès qui combattit des millions de personnes, demande à ce que le monde se soumette à son pouvoir, selon les vœux de son père Amon.

Entre 1871 et 1878, de nombreux objets portant les marques de sa royauté étaient apparus sur le marché des antiquités au Caire. Une enquête fut décidée par le Français Gaston Maspero, directeur du service des antiquités de l'Égypte, et elle aboutit en 1881 au démantèlement d'un réseau de trafiquants qui révélèrent leur source d'approvisionnement. En quarante-huit heures la momie et ses trésors furent extraits de leur cachette et transportés le 11 juillet 1881 au musée des Antiquités créé par Auguste Mariette. Le pacha d'Égypte ordonna de retirer l'emmaillotage de la momie de Ramsès II le 1er juin 1886. En 1907, Pierre Loti, qui visita le musée, constatait déjà la présence de champignons sur les téguments de la momie ; un bain complet au mercure fut réalisé pour tenter d'endiguer sa prolifération.

La communauté des chercheurs français fut mobilisée pour étudier la momie dans les moindres détails ; une quinzaine de laboratoires spécialisés en cryptogamie, entomologie, botanique, biologie, palynologie, rassemblant une cinquantaine de chercheurs et de techniciens étudièrent pendant huit mois la dépouille royale ; les bandelettes, ses linges et son sarcophage étaient colonisés par des champignons qui provoquaient la dégradation lente mais continue de la dépouille.

Pour endiguer ce processus, il était donc indispensable de détruire les colonies de champignons et de stériliser la momie. Le Commissariat à l'énergie atomique proposa de traiter celle-ci aux rayons gamma ; l'irradiation fut réalisée le 9 mai 1977 et dura douze heures quarante. Seul le sarcophage de Ramsès II ainsi qu'une collection de plus de 180 pièces originales furent ensuite exposés au Grand Palais.

Ayant appris par un ami, que le Premier ministre français Raymond Barre se rendrait en visite officielle en Égypte en novembre 1976, je suggérais de l'inviter à venir au musée de l'Homme, avant son départ, pour prendre des nouvelles de la santé du pharaon, nouvelles qu'il pourrait alors transmettre en personne au président Sadate. L'idée fut acceptée immédiatement et je me souviens d'avoir accompagné Raymond Barre jusque dans la salle stérile, en blouse blanche, une charlotte sur la tête et un masque sur la figure. Un moment solennel et émouvant dans le plus grand recueillement. Un moment symbolique également, en pensant aux liens qui se sont noués entre l'Égypte et la France au cours de l'histoire, en particulier grâce à un homme de génie, Jean-François Champollion qui sut déchiffrer les hiéroglyphes, ouvrant ainsi la voie à l'égyptologie moderne.

La rencontre entre Raymond Barre et Anouar el-Sadate fut chaleureuse ; Ramsès a été un bon ambassadeur de son pays ; mais, le 6 octobre 1981, le président

Sadate est assassiné, alors qu'il préside une parade militaire au Caire dans le quartier de Nasr City, par des membres de l'armée qui appartenaient à l'organisation du Jihad islamique égyptien, fondée par d'anciens membres des Frères musulmans.

Le Muséum a reçu au cours de sa longue histoire une multitude de visiteurs et parmi eux quelques personnalités importantes qui durant mon mandat demandèrent à admirer nos galeries et à voir les trésors rassemblés au cours de quatre siècles de collectes d'espèces animales et végétales.

Parmi les visiteurs de marque, les membres de la famille impériale du Japon, qui, lors de leurs visites en France, émirent le désir de venir au Muséum. Pourquoi un tel intérêt ? Parce que la tradition de ses membres est d'avoir pour passe-temps l'étude de faunes marines. Ainsi l'empereur Hirohito souhaita en 1971 voir notre collection d'hydrozoaires, animaux de la classe des méduses ; à cette occasion, le Quai d'Orsay contacta la direction du Muséum pour le choix d'un cadeau susceptible de plaire au souverain. On proposa un spécimen rare d'une méduse des côtes de France. Interloqué, je dirai même médusé, notre diplomate s'en fut, muni de cette suggestion inattendue.

Le fils, Akihito, qui succéda à son père en 1989, vint à son tour à Paris en 1994 et demanda à voir notre collection de gobiiformes, petits poissons vivant sur les côtes rocheuses, dont il était un spécialiste renommé.

Le second fils de l'empereur Akihito et de l'impératrice Michiko, Fumihito d'Akishino est actuellement premier dans l'ordre de succession au trône du chrysanthème ; il est un excellent spécialiste des poissons-chats et il souhaita à son tour consulter nos spécimens.

Si la collection d'organismes marins du Muséum, en particulier de poissons, est si riche, c'est qu'on la doit à deux anatomistes hors pair, Georges Cuvier et Achille Valenciennes. Ils décrivirent soigneusement de 1828 à 1850 tous les poissons connus à leur époque. Soit 4 055 espèces dont 2 311 étaient nouvelles. Aussi l'œuvre de ces deux savants constitue-t-elle le fondement historique de toute l'ichtyologie moderne, le travail de base auquel il sera toujours indispensable de se référer. Un tel monument encyclopédique, en 22 volumes soit 11 253 pages, n'aurait pu être érigé sans les apports de nombreux collecteurs. La collection comprend aujourd'hui près de 440 000 spécimens qui représentent près de 14 000 espèces valides, soit un peu plus de 40 % des espèces décrites. La majorité des spécimens est conservée dans des bocaux remplis d'alcool ou de formol.

Dans le courant de l'année 1989, l'ambassadeur du Japon en France demanda à me voir à la direction du Muséum. Dans mon bureau, il m'informa de la prochaine venue du prince héritier à Paris et s'inquiéta du bon déroulement de sa visite au Muséum. Avec la plus extrême politesse, il me souligna l'importance de la visite impériale :

« Vous comprenez, monsieur le directeur, il s'agit d'une visite extrêmement délicate à organiser (sous-entendu pour sa carrière d'ambassadeur) ; c'est Sa Majesté l'Empereur, et tout doit se dérouler dans des conditions parfaites. Avez-vous, monsieur le directeur, à proposer un lieu très calme où Sa Majesté l'Empereur pourra déjeuner à la mi-journée selon la tradition japonaise ? C'est très important car il s'agit de Sa Majesté l'Empereur.

– Mais oui, monsieur l'ambassadeur, la salle de réunion des professeurs du Muséum dans l'hôtel de Magny, décorée de tapisseries du XVIIIe siècle, fera parfaitement l'affaire.

– Auriez-vous, monsieur le directeur, l'extrême amabilité de mettre à la disposition de Sa Majesté l'Empereur, un chercheur spécialiste de vos collections de poissons ?

– Parfaitement, monsieur l'ambassadeur, j'appelle immédiatement Mme Marie-Louise Bauchot, qui est chargée de la conservation et de l'étude des collections ichtyologiques. »

Quelques instants plus tard, ma collègue est introduite dans le bureau. Avec force courbettes, l'ambassadeur du Japon expose les raisons de la venue de l'illustre visiteur.

« Vous comprenez, madame, c'est très important, car il s'agit de la visite de Sa Majesté l'Empereur du Japon. »

Et Mme Bauchot de répondre :

« Oh ! je connais très bien la famille impériale japonaise ; nous sommes en étroite collaboration depuis des années ! »

Ouvrant son sac à main et prenant son portefeuille, elle présente à l'ambassadeur une photo prise au palais impérial de Tokyo, où elle pose entre Sa Majesté l'Empereur Akihito et son épouse.

Monsieur l'ambassadeur du Japon, stupéfait, pour ne pas dire pétrifié, se plia à plusieurs reprises en de profondes révérences devant la photo du couple impérial.

Finalement, la visite se déroula parfaitement. Le prince impérial profita de son passage pour faire une courte visite des collections de poissons-chats fossiles de notre laboratoire où il fut accueilli par notre spécialiste, Mireille Gayet, chercheuse au CNRS.

Quelque temps plus tard, je reçus de l'ambassade du Japon en France, une petite boîte merveilleusement emballée dans du papier de soie. À l'intérieur de la boîte, une superbe petite coupelle en laque rouge vif, avec au fond de celle-ci la peinture dorée du blason impérial, le chrysanthème à seize pétales doubles.

Dans mes voyages au Japon, je m'amuse toujours à présenter sur ma tablette, la photographie du cadeau impérial pour avoir le plaisir de voir le résultat attendu : mes amis japonais effectuant chacun leur tour une révérence respectueuse. Ces amis ne manquent pas de m'appeler Monsieur Bambou, car *take* est le nom japonais de ces superbes plantes de la famille des graminées.

CHAPITRE X

Monod-spécifique

En 1963, étudiant en Sorbonne, j'avais ma chambre au dernier étage d'un immeuble du square de Port-Royal dans le XIIIe arrondissement de Paris.

Ma logeuse, une dame âgée, originaire de ma province natale et amie de mes parents, était charmante et bienfaitrice des chats errants du quartier. Elle connaissait ma passion pour les sciences de la nature et elle m'offrit un beau jour un petit volume fatigué de 300 pages intitulé : *Méharées. Explorations au vrai Sahara*, publié en 1937 aux éditions protestantes Je Sers par un naturaliste du nom de Théodore Monod.

Théodore Monod, en exergue, avait dédié son livre au chameau et au bouc, au véhicule et au récipient, les deux seuls vainqueurs du Sahara. Le texte, pittoresque, plein d'humour, précis et documenté, n'était pas seulement le récit des voyages de l'auteur au Sahara, notamment de sa double traversée du désert du Tanezrouft, mais aussi un document évoquant le grand désert, sa géologie, sa faune et sa flore, et les témoins de sa préhistoire. Une carte à la fin du volume montrait les très nombreuses randonnées chamelières effectuées par l'auteur dans les endroits les plus inexplorés du désert des déserts.

Désireux de mieux connaître ce naturaliste voyageur, je me procurai son second ouvrage, *L'Hippopotame et le Philosophe,* paru en 1942 à Toulouse, fruit de

52 chroniques lues par Théodore Monod chaque semaine à Radio Dakar. Certaines étaient si critiques à l'égard de l'occupant allemand que leur publication fut censurée par les représentants du régime de Vichy. Trois chapitres avaient été supprimés pour excès d'hérésie : « Svastikas africaines », chapitre montrant que ce symbole adopté en Allemagne en 1859, existait déjà chez les peuples indo-européens, les Chinois, les Américains et enfin en Afrique ; « De Jérusalem à Tombouctou » racontait l'histoire de la diaspora juive fuyant les persécutions jusqu'au sud du Sahara ; « Question de vocabulaire » montrait la non-existence d'une race aryenne, et plus encore d'une race allemande ! Enfin le chapitre « MM. les Mammifères, vos billets s.v.p. » avait été profondément modifié au prétexte que Noé refusait aux Aryens de monter à bord de l'arche ! Une version non censurée de cet ouvrage parut en France en 1946.

En 1938, Théodore Monod est appelé à diriger l'Institut français d'Afrique noire, qui vient d'être créé à Dakar, et il fait de cette institution, toujours présente sous le nom d'Institut fondamental d'Afrique noire, un remarquable outil au service de la recherche scientifique. Il en sera le directeur pendant vingt-six années. Le 26 janvier 1944, c'est lui, président de la fédération d'Afrique occidentale française de la France combattante, qui accueillera à Dakar le général de Gaulle.

Théodore Monod se situait lui-même au sein de la fraternelle confrérie des chercheurs naturalistes, celle des constatateurs, qui regroupe tous ceux qui se consacrent au patient inventaire du cosmos, à l'inlassable accumulation des matériaux nécessaires à une description du monde. Mais quel naturaliste ! Il fut avec talent tout à la fois zoologiste, c'est-à-dire malacologiste, carcinologiste, arachnologue, entomologiste, ichtyologiste, batrachologue, herpétologue, mammalogiste, ornithologiste, mais aussi, botaniste, minéralogiste, géologue, géographe, océanographe, climatologue, archéologue, préhistorien, paléontologue, spécialiste des pêches et des déserts, historien des sciences, tout en se livrant dans le même temps à de multiples travaux d'ethnologie, de linguistique, d'étymologie et d'histoire. Face à tant d'activités, Théodore Monod n'hésitait pas à souligner :

> Ma carrière scientifique, si elle m'a procuré d'amples occasions de satisfaire un goût très vif des choses de la nature, n'aura donc pas connu l'harmonieux et paisible développement que peuvent seules permettre une sédentarisation prolongée et une spécialisation exclusive... Elle m'a tant de fois obligé à fréquenter le long de la route la plus instructive des écoles, la buissonnière.

De 1916 à 2001, il a publié 1881 volumes, synthèses, monographies, mémoires et articles dont près de 700 consacrés aux sciences de la nature, fruits d'une multitude d'observations et de la récolte de près de 20 000 échantillons. Le résultat est impressionnant et la liste de quatre-vingt-cinq années de publications est édifiante, depuis l'inventaire des crevettes et des crabes de la côte occidentale d'Afrique jusqu'à la flore de l'île Saint-Louis à Paris.

Théodore Monod, un naturaliste d'exception qui disait de lui-même :

> Peut-être qu'un cas aussi singulier que le mien pourrait-il trouver, sinon sa justification, du moins son explication dans la notion d'espèce relicte ? Ce qui a été si longtemps la norme devenue l'exception, seuls quelques survivants attardés d'un monde disparu subsistent encore : aurai-je été l'un d'entre eux ? Et qui sait, peut-être le dernier ?

Le dernier ? Nul ne peut le dire. Mais le seul représentant d'une espèce unique, oui certainement ; ce qui me conduisit à lui dire un jour : vous êtes Monod-spécifique.

En 1965, ayant rejoint le laboratoire de paléontologie du Muséum, j'eus l'occasion de le rencontrer à maintes reprises. En 1973, il me fit l'honneur d'assister à la soutenance de ma thèse de doctorat dont le titre était *Géologie et paléontologie du gisement de Gadoufaoua (Aptien du Niger)*. La découverte et la description d'un immense gisement d'ossements de dinosaures en plein désert contribuèrent certainement à sa présence. Le jury me décerna le titre de docteur ès sciences avec une mention très honorable et ses félicitations. À l'issue de cette séance, Théodore Monod vint me voir pour me complimenter et me dire avec un sourire malicieux, que la plante que j'avais présentée sur une diapositive n'était pas une euphorbiacée, mais une cucurbitacée, *Citrullus colocynthis,* la coloquinte du désert !

Élu directeur du laboratoire de paléontologie en 1981, et siégeant au sein de l'assemblée des professeurs, je participai désormais à la vie et à l'organisation du Muséum et rencontrai Théodore Monod à chacune de nos séances mensuelles. Une complicité s'établit peu à peu entre nous et naturellement nous parlions souvent des déserts. Très régulièrement, il m'adressait des informations, des références bibliographiques puisées dans ses immenses connaissances : telle la copie d'un article qu'il avait rédigé sur M. de Buffon, dans son volume *L'Hippopotame et le Philosophe* ; connaissant ma passion pour le naturaliste Georges Cuvier, je reçus la référence d'une note qu'il avait publiée dans *Notes africaines,* intitulée : « Une opinion de Georges Cuvier sur les Noirs ». Me sachant désormais responsable du Muséum, il m'adressa un courrier manuscrit pour m'alerter sur l'état lamentable des herbiers, etc. Mais Théodore Monod, descendant d'une lignée de plusieurs pasteurs, savait aussi que j'étais parpaillot ; j'avais écrit une tribune de deux pages dans l'hebdomadaire protestant *Réforme,* illustrée de schémas sur la « réalité de l'évolution », en réaction à un article d'un créationniste strasbourgeois ; dès lors, il ne manquait pas de me transmettre des coupures de presse sur des sujets susceptibles de m'intéresser, d'autant plus que dans *Le Protestant de l'Ouest,* il avait écrit un article : « Le sang des animaux crie contre nous » et que dans le même numéro j'avais écrit un plaidoyer pour la vie intitulé : « Dans 135 millions d'années. » Il me transmit en amical souvenir un exemplaire du journal *Le Christianisme au*

XXe siècle en date du 11 mars 1988 consacré au temple protestant de Lemé, ma région natale, la Thiérache, qui fut touchée par l'esprit de la Réforme dès 1525, lors du retour dans leurs foyers après les récoltes, des « bibliens » de Meaux gagnés à la foi évangélique.

Une fois que je fus devenu directeur du Muséum, nos liens eurent plusieurs occasions de se renforcer. Un jour, je reçus de lui deux documents ronéotypés, le premier intitulé : « Projet de classification de la société protestante en couches géologiques », le second : « Conseils au jeune protestant désireux de se pousser dans la HSP (haute société protestante). » Ces deux textes pleins d'humour et de drôlerie caricaturaient les habitudes et les travers des membres d'une communauté minoritaire en France, fière de ses origines et de sa place dans la société française. Je ne résiste pas à vous en citer quelques extraits.

> La HSP, la haute société protestante contient un certain nombre de familles de l'aristocratie qui se classent dans une autre aristocratie, telle celle du faubourg Saint-Germain, par exemple les Pourtalès, les Ganey.

> La BSP, la bonne société protestante. C'est un fait que le véritable chic protestant est suisse ; ce qui classe le plus sûrement dans la BSP, c'est une ascendance helvétique, remontant si possible aux familles patriciennes. Tout le monde ne peut être de famille patricienne, mais, on peut y suppléer de deux façons, par l'argent ou par les alliances, ce qui au fond est la même chose. Poupard, le grand industriel du XVIIIe siècle, devient sous le Premier Empire le

baron de Neuflize ; le banquier Mallet, déjà coté dans la société genevoise devient, par la faveur de Napoléon, le baron Mallet.

Dans la première partie du XIXe siècle, les Monod connurent la consécration mondaine par leur alliance avec les de Coninck ; depuis la ruine de ces derniers, les Monod n'ont plus été grands que devant Dieu !

La ABSP, l'assez bonne société protestante, comprend les « braves Suisses », ayant gagné d'honnêtes fortunes dans le commerce, et la grande majorité de la société alsacienne, qui est plus industrielle que financière.

La PSP. La petite société protestante comprend des familles qui appartenaient au petit peuple et qui se sont élevées récemment dans la société.

Les Monod sont dans une situation spéciale et fournissent le protestantisme de docteurs, de professeurs, de hauts fonctionnaires, de pasteurs, de dreyfusards professionnels. Ils ne sont ni de la HSP, ni dans la BSP, ni de la ABSP, ni de la PSP. Ils sont à part.

Le deuxième document tout aussi distrayant était intitulé :

Les Conseils au jeune protestant désireux de se pousser dans la BSP

Où faut-il demeurer ?

Quartiers recommandés : le 16e, le 17e, le 8e, le 7e. Dans le 17e, je vous demande instamment de ne pas dépasser la rue de Tocqueville (vous ne vous voyez pas habiter boulevard de Clichy).

Quartiers à éviter : le 6e arrondissement, le 5e et le 14e. N'oubliez pas que s'il peut y avoir un chic du 6e arrondissement, c'est un chic catholique, non protestant.

Quelles églises faut-il fréquenter ? : je suis très strict, montrez-vous à l'Étoile, au temple de la rue Cortambert, à Pentemont, à l'église de la rue Roquépine. Vous pouvez aller aussi à l'Oratoire du Louvre, (le temple des Monod !), mais alors ayez soin de vous asseoir dans le chœur, à gauche de la chaire.

Églises où il ne faut se laisser voir sous aucun prétexte : le Foyer de l'âme, le Temple de la rue Madame. Évitez également les réunions des adventistes du 7e jour, où sévit le genre anglo-suisse. Mais montrez-vous à l'Armée du salut, c'est très bien porté.

Opinions à adopter. Soyez réformé rien d'autre.

Quel accent convient-il d'avoir ? Évitez l'accent français, parisien, normand, provençal. Prenez l'accent suisse, mais choisissez votre accent suisse avec soin ; l'accent neuchâtelois ou vaudois doit être impitoyablement écarté. Je vous conseillerai surtout l'accent genevois, mieux encore, l'accent genevois mâtiné de raideur lyonnaise.

Quelle conduite avoir dans le monde ? Lisez la Bible certes, citez-la, mais ne tirez pas à tout bout de champ de votre poche un Nouveau Testament usagé et souligné. En matière d'antialcoolisme, soyez très net, buvez de l'eau. Renoncez au vin, à l'alcool, au café. Faites naturellement une exception pour le thé, boisson protestante. Dites à tout propos, surtout vers cinq heures : il me faut mon thé.

Œuvres dont il faut s'occuper : les plus ennuyeuses sont les plus chics : un vestiaire où vous feriez la comptabilité des versements de caleçons et de chaussettes de laine aux « pauvres » de la paroisse serait excellent.

Au fil des années, la popularité de Théodore ne fit que croître ; il devint peu à peu la coqueluche des médias. Il aimait cela et ses talents de conteur, son humour et ses anecdotes enchantaient les journalistes et le public. Plusieurs films lui furent consacrés et le montrent marchant d'un bon pas dans le désert, appuyé sur sa canne.

Toute sa vie, Théodore le Saharien fut un militant infatigable du désarmement, de la paix et de la liberté, un homme d'engagement qui lutta pour un monde plus fraternel et pour une « humanité enfin humanisée ». Lorsqu'en 1988, il fut invité par le président Mitterrand à assister à la réception offerte à l'occasion de la fête du 14 juillet au palais de l'Élysée, il répondit par une lettre ainsi libellée :

Monsieur le Président,

Je tiens à m'excuser de ne pouvoir assister à la réception du 14 juillet à laquelle vous avez bien voulu m'inviter.

Je continue à nourrir le vivant espoir que le jour viendra où la fête nationale ne sera plus seulement militaire et verra défiler aussi les bûcherons, les cheminots, les mineurs, les instituteurs, les infirmiers, et plus uniquement les hommes de guerre.

Dans l'attente de ces temps nouveaux où, de plus, le refrain de notre hymne national ne sera plus sanguinaire et raciste. Je vous prie de bien vouloir agréer, Monsieur le Président, l'expression de ma haute considération.

Théodore Monod fut aussi un ardent opposant au nucléaire. À plusieurs reprises, il se rendit à Creys-Malville en bordure du Rhône pour manifester contre la centrale Super-Phénix. Il s'agissait d'un réacteur nucléaire à neutrons rapides à caloporteur de sodium. Après de nombreuses péripéties, notamment une série d'incidents graves, le réacteur fut définitivement arrêté en 1997. Pour se rendre sur place, il prenait le TGV avec un collègue et ami de mon laboratoire, le paléobotaniste Jean Dejax, qui lui servait d'accompagnateur, car Théodore était alors atteint par la cécité. Dans le train, la célébrité du naturaliste était telle que les contrôleurs de la SNCF évitaient de lui demander son billet et prenaient plaisir à engager la conversation avec lui.

Théodore était un farouche opposant à la chasse ; membre du ROC, le rassemblement des opposants à la chasse, il écrivit un bon nombre de tribunes virulentes du style : « Chasse et massacre, exhibition regrettable ! » « Comme il y a une trêve des confiseurs, nous demandons la trêve des chasseurs. » « Le chasseur protecteur de la

Nature ? Je t'aime, je te tue ! » Opposant à la loi Verdeille de 1964, qui autorisait les chasseurs à pénétrer sur le terrain d'autrui, même sans consentement, Théodore put se réjouir en 1999 de l'abrogation de cette loi, après douze ans d'un combat juridique acharné. Adversaire de la chasse à courre, de la corrida, des combats de coqs, des chasses traditionnelles, telle la capture à la glu des grives des Ardennes ou la capture dans le Sud-Ouest des palombes et des alouettes au moyen de pantes, filets destructeurs de tous les passereaux. Théodore Monod fut toute sa vie un ardent défenseur de la nature et me disait : « Tout ce que demande la nature, c'est qu'on lui fiche la paix. »

Les spécialistes du Muséum avaient pour mission de participer chaque année à une commission mixte, comprenant des représentants des défenseurs de la nature et de la Fédération nationale des chasseurs, pour fixer les dates d'ouverture et de fermeture de la chasse au gibier d'eau en France. Les débats étaient houleux, les chasseurs voulaient chasser les canards, à l'affût, en tout temps, le jour aussi bien que la nuit ; les représentants du Centre de recherche sur la biologie des oiseaux (CRBPO) du Muséum et de la Ligue de protection des oiseaux (LPO) sous la houlette de leur président Allain Bougrain-Dubourg, expliquaient qu'en période de reproduction, les volatiles étaient vulnérables et les poussins incapables de voler. Les oppositions étaient telles qu'une année, j'ai failli recevoir une délégation de chasseurs excités devant l'hôtel de Magny, siège de l'administration du Muséum. Les chercheurs du Muséum, Théodore Monod en tête, vinrent en nombre s'opposer à la visite des partisans de la chasse ; un épisode drolatique qui me rappela l'histoire de la chasse aux canards racontée avec talent par Robert Lamoureux.

L'un des épisodes les plus captivants de la vie saharienne de Théodore Monod fut sa recherche obstinée de la météorite de Chingetti en Mauritanie. Tout commença en 1916 lorsque le capitaine Gaston Ripert affirma s'être trouvé au cours d'une méharée face à une gigantesque colline de fer haute de 40 mètres et large de 100 mètres, située à 45 kilomètres de Chingetti. Il revint en France, avec dans son sac un bloc rocheux de 4 kilos, qui, examiné au laboratoire de minéralogie s'avéra en effet être une météorite. Cette découverte donna naissance à toute une suite de péripéties. Théodore Monod lui-même tenta à de nombreuses reprises de retrouver l'endroit supposé de la chute de cet objet céleste, la plus grande météorite qui serait jamais tombée sur terre. Mais rien de tel n'a jamais été retrouvé et il est maintenant admis que cette météorite n'a jamais existé. Le 13 juin 1989, Théodore Monod conclura devant ses pairs du Muséum, à propos de cette montagne de fer, qu'elle était constituée en réalité de grès ferrugineux : « Je crois que ce site reprend de façon aussi exacte possible la description donnée par Ripert, cette montagne n'est pas la météorite mais le site Ripert. »

J'avais participé au financement d'une partie de cette dernière mission sur le terrain, en prélevant un crédit sur la cagnotte du directeur. À son retour, Théodore Monod vint comme un simple missionnaire me faire un compte rendu de son voyage et de ses dernières observations.

Contournant le magnifique bureau XVIIIe siècle sur lequel Buffon avait écrit son œuvre mémorable, je vins m'asseoir à ses côtés, pour m'entendre dire :

« Ah ! Cher directeur, cher ami, connaissez-vous la dernière histoire drôle ?

– Non.

– Connaissez-vous la différence entre le plombier et Jésus-Christ ?

– Non.

– Eh bien ! On les attend tous les deux, mais on sait que le plombier, lui, ne viendra jamais. »

Le 11 avril 1997, une journée de colloque au Muséum national d'histoire naturelle lui consacra, à l'occasion de son quatre-vingt-quinzième anniversaire, une belle réception qui eut lieu dans la Grande Galerie de l'évolution. Le gâteau d'anniversaire, inspiré d'un dessin de Théodore figurant dans son ouvrage *Méharées,* présentait une vaste reconstitution du désert, avec ses falaises en chocolat et ses dunes en sucre.

Au terme d'une vie exceptionnellement féconde et généreuse, Théodore Monod s'en est allé le 22 novembre 2000 pour son ultime méharée, celle qu'il attendait avec confiance et sérénité. Les traces de ses pas se sont effacées sur le sable de la dune, sur les graviers du reg, sur le sol de la hamada, mais il nous laisse une œuvre scientifique immense et l'empreinte indélébile de textes admirables, instructifs et savants, espiègles et poétiques, spirituels et philosophiques, témoignages précieux d'un chercheur d'absolu.

CHAPITRE XI

Bororos et Haïdas

Le travail du géologue ou du paléontologue sur le terrain est physique. Il faut marcher à longueur de journée, souvent gravir des pentes, marteau en main, les yeux rivés sur le sol. Il faut examiner la structure des terrains, déterminer la nature des roches, inventorier minéraux et fossiles. C'est en même temps un travail de détective où l'on tente de comprendre les conditions de dépôt des sédiments, leur succession dans le temps, les mouvements auxquels ils ont été soumis et ce pour reconstituer l'histoire d'un lointain passé.

Un homme, qui n'était ni géologue ni paléontologue, a exposé mieux que personne les conditions dans lesquelles s'exercent les pérégrinations par monts et par vaux de ces cantonniers du passé. Cet homme, un ethnologue qui détestait les voyages, s'appelait Claude Lévi-Strauss. Dans l'ouvrage qui a beaucoup contribué à sa célébrité, *Tristes tropiques,* il décrit ce qu'est la recherche sur le terrain :

> La poursuite au flanc d'un causse languedocien de la ligne de contact entre deux couches géologiques. Il s'agit là de bien autre chose que d'une promenade ou d'une simple exploration de l'espace : cette quête incohérente pour un observateur non prévenu offre à mes yeux l'image même de la connaissance, des difficultés qu'elle oppose, des joies qu'on peut en espérer.

Tout paysage se présente d'abord comme un immense désordre qui laisse libre de choisir le sens qu'on préfère lui donner. Mais au-delà des spéculations agricoles, des accidents géographiques, des avatars de l'histoire et de la préhistoire, le sens auguste entre tous n'est-il pas celui qui précède, qui commande et, dans une large mesure, explique les autres ? Cette ligne pâle et brouillée, cette différence imperceptible dans la forme et la consistance des débris rocheux témoignent que, là où je vois aujourd'hui un terrain aride, deux océans se sont jadis succédé…

[...] Que le miracle se produise, comme il arrive parfois : que, de part et d'autre de la secrète fêlure, surgissent côte à côte deux vertes plantes différentes, dont chacune a choisi le sol le plus propice ; et qu'au même moment se devinent dans la roche deux ammonites aux involutions inégalement compliquées, attestant à leur manière un écart de quelques dizaines de millénaires ; soudain l'espace et le temps se confondent ; la diversité vivante de l'instant juxtapose et perpétue les âges. La pensée et la sensibilité accèdent à une dimension nouvelle où chaque goutte de sueur, chaque flexion musculaire, chaque halètement devient autant de symboles d'une histoire dont mon corps reproduit le mouvement propre, en même temps que ma pensée en embrasse la signification. Je me sens baigné par une intelligibilité plus dense, au sein de laquelle les siècles et les lieux se reposent et parlent des langages enfin réconciliés.

La beauté de ce texte et la finesse de l'analyse du métier de géologue sont restées dans ma mémoire. J'ignorai que j'allais rencontrer plus tard Claude Lévi-Strauss dans mes fonctions de responsable du Muséum. Il vint un beau jour dans mon bureau, le bureau de Buffon, pour me rencontrer et me suggérer d'organiser une exposition présentant les œuvres d'une artiste allemande, Anita Albus, peintre, historienne d'art et écrivaine. Celle-ci avait illustré l'un de ses ouvrages, publié en 1985, *La Potière jalouse,* dans lequel il montrait que des mythes américains provenant parfois de populations très éloignées les unes des autres s'accordent pour expliquer l'origine de la poterie. Anita Albus dans son exposition montrait avec d'admirables peintures comment la peinture en trompe-l'œil du XVe au XVIIe siècle s'était développée, et elle présentait comme exemples quelques œuvres de maîtres, d'Europe du Nord comme Jan Van Eyck. À la fois savante et sensible, l'artiste peintre voyait des aspects que nul n'avait encore perçus ; la subtile narratrice décrivait la part d'abstraction, les détails infimes que notre regard ne saurait discerner. Une approche qui bien évidemment ne pouvait que séduire Lévi-Strauss. Il écrivit une magnifique préface de douze pages au catalogue de l'exposition : « Comment ne pas penser à Anita Albus, et à l'attention passionnée dont son art témoigne envers tous les êtres vivants, quadrupèdes oiseaux, feuilles et fleurs, servis par un scrupule d'exactitude qui rivalise avec celui du naturaliste. »

Le professeur m'offrit un exemplaire du catalogue avec la dédicace :

Pour Monsieur Philippe Taquet, directeur du Muséum d'histoire naturelle, qui mieux que personne, sait que pour se montrer bon savant, l'observateur de la nature doit être aussi un artiste, et que l'inverse est également vrai. Un très sympathique hommage.

La présentation fut un grand succès, et le professeur, séduit par les lieux, accepta ensuite de parrainer une exposition sur *L'Art de la plume au Brésil*. Il avait commencé sa carrière d'ethnologue au Brésil en se rendant en 1935-1936, en mission auprès des Indiens Caduevo et Bororo. Lors d'une deuxième expédition en 1938, il rencontre les Nambikwara et rapporte en France une riche documentation et 200 photos. Parmi les objets ethnologiques se trouvaient de très belles parures de plumes des Indiens d'Amazonie ; ces Indiens, tout en ayant une profonde connaissance des oiseaux ont su assembler et créer des parures somptueuses, véritables bijoux de plumes, agencées en feux d'artifice colorés. Ces ornements, dont la signification symbolique est très forte, expriment un statut social et apportent des informations sur ceux qui les portent.

En association avec le musée d'ethnographie de Genève, une superbe exposition fut organisée en 1986 au Jardin des Plantes dans un décor de forêt tropicale. Une magnifique couronne à pendant de la collection de Claude Lévi-Strauss figurait parmi les objets, avec ceux du musée de Genève et du musée de l'Homme dont l'exceptionnel manteau d'un cacique tupinamba confectionné de plumes bleu sombre d'aras, offert au roi François Ier. Le professeur heureux et ravi vint en personne inaugurer cette superbe présentation.

L'année suivante, en 1987, le musée de l'Homme, créé en 1935, fêtait son cinquantième anniversaire. Cet heureux événement allait me permettre de rencontrer une nouvelle fois Claude Lévi-Strauss, sur la colline de Chaillot, au cours d'une table ronde organisée par France Culture, pour retracer l'histoire du célèbre établissement. Lors de nos échanges, je proposai au professeur d'être le commissaire d'une exposition rassemblant les principaux objets recueillis au cours de ses recherches auprès des Indiens Bororos du Brésil, mais aussi auprès des Indiens Haïdas d'Amérique du Nord. Avec modestie, il m'objecta n'être aucunement spécialiste de la présentation d'objets, mais, après quelques hésitations et face à mes arguments, il accepta de faire un choix dans ses archives, ses peintures, ses dessins, ses photos et ses collections, avec l'aide des services de muséologie du musée. Ainsi est née l'idée d'une grande rétrospective sur les moments importants de ses travaux et de son œuvre, sous le titre : *Les Amériques de Claude Lévi-Strauss*.

Un parcours, dominé par l'art, permettait au visiteur de suivre les pas de Claude Lévi-Strauss dans ses pérégrinations américaines en passant de la chaude forêt amazonienne aux froides contrées de la côte nord-ouest de l'Amérique du Nord. La transition entre les deux hémisphères était illustrée grâce à quelques animaux naturalisés, qui évoquaient le règne animal source originelle de nombreux mythes, analysés par Claude Lévi-Strauss, leurs récits étant une réponse culturelle à l'explication du monde. Les pièces exposées étaient des ambassadrices des cultures traditionnelles en processus de survie, pour l'Amazonie, ou en phase de renaissance, pour la côte nord-ouest où les peuples indiens affirment leur identité et leur droit à l'existence. L'exposition présentait donc trois peuples du Mato-Grosso, grâce à des objets déposés, pour la plupart, par Claude Lévi-Strauss dans les collections du musée de l'Homme au retour de ses expéditions brésiliennes de 1935-1938. Ils étaient mis en situation sur des mannequins grandeur nature. Claude Lévi-Strauss avait d'autre part découvert l'art des Haïdas chez des antiquaires de New York, après la guerre. Il était allé plusieurs fois en Colombie-Britannique pour les rencontrer. Les sculptures en bois peints de motifs évoquant les mythes de ces Amérindiens sont splendides ; des totems majestueux gardent l'entrée des villages. Cette exposition a pu avoir lieu avec la participation du musée de Vancouver et celle du célèbre sculpteur Haïda, Bill Reid, qui en perpétuant une tradition artistique ancestrale témoignait de la vivacité et de l'actualité des cultures de la côte nord-ouest. Lorsque la communauté des Haïdas Gwaii, des îles de la Reine-Charlotte, apprit l'annonce de cette exposition, elle décida d'être présente le jour de l'inauguration et de rejoindre Paris… en pirogue, en remontant la Seine à la pagaie ! Une de leurs pirogues de haute mer d'une vingtaine de mètres de longueur fut chargée sur un cargo canadien qui fit le voyage jusqu'à Rouen où elle arriva le 26 septembre 1989.

Après la réception offerte par M. Lecanuet, sénateur-maire de la ville, à la délégation des dix-huit Indiens

Haïdas, l'on assista alors à un spectacle pittoresque, la mise à l'eau sur la Seine d'une splendide embarcation élancée et peinte de figures symboliques, la pirogue Lootas (la mangeuse de vagues). La remontée de la Seine dura cinq jours ; à chaque étape, les piroguiers furent reçus en fin de journée successivement par le maire et la population des villes de Saint-Pierre-du-Vauvray, de Bonnières-sur-Seine, de Conflans-Sainte-Honorine et de Boulogne-Billancourt. Le 2 octobre eut lieu la traversée de Paris ; au pied du Trocadéro, une halte permit aux Indiens de prendre à bord de leur pirogue Claude Lévi-Strauss en personne, les épaules recouvertes d'une magnifique cape de cérémonie ; puis la délégation poursuivit sa navigation jusqu'au pied de l'Hôtel de Ville pour être reçue par le maire de Paris, Jacques Chirac. Un spectacle insolite et pittoresque s'offrit aux yeux des parisiens éberlués : dix-huit Indiens Haïdas escaladant le quai de l'Hôtel de Ville, en costumes traditionnels, mocassins aux pieds, coiffures de plumes colorées sur la tête, traversant le boulevard dans les clous pour rejoindre le grand salon de la mairie de Paris et saluer son maire.

Le 11 octobre à 18 h 30, avec le professeur Jean Guiart, directeur du laboratoire d'ethnologie, j'eus le plaisir d'accueillir dans le hall du musée de l'Homme, pour une fête amicale, Lionel Jospin, ministre de l'Éducation nationale, le professeur Claude Lévi-Strauss, de l'Académie française, professeur au Collège de France, Bill Reid, sculpteur, et la délégation des Haïdas Gwaii.

Dans mon allocution, je remerciais Claude Lévi-Strauss, l'« astronome des constellations humaines », qui permet aux hommes de mesurer la richesse, la diversité et la pluralité de notre monde habité, de nous avoir aidés à réaliser au musée de l'Homme une magnifique exposition illustrant quelques visages des Amériques.

En hommage aux travaux du professeur sur la communauté amérindienne de cette côte du nord-ouest du Pacifique, le chef de la délégation lui remit solennellement, en guise d'épée d'académicien une pagaie d'honneur !

Les Amériques de Claude Lévi-Strauss remportèrent un vif succès du 10 octobre 1989 au 24 avril 1990.

CHAPITRE XII

Vocation

Mon enfance a été rythmée par la lecture hebdomadaire du journal *Tintin*. Je me plongeais avec délice dans les récits d'aventures imaginés avec talent par Hergé. Je rêvais de voyages, d'explorations et de découvertes de mondes disparus. J'avais été fasciné en particulier par Milou sortant d'un musée, avec dans la gueule un énorme fémur de diplodocus, dans l'album, *Le Sceptre d'Ottokar*. Mon imagination me poussait à coucher sur le papier des dessins en couleurs très élaborés (que j'ai gardés précieusement) décrivant la coupe d'une montagne (déjà !) creusée d'un réseau de galeries. J'inventais une usine souterraine dans laquelle s'activait une multitude de petits personnages travaillant clandestinement à extraire et à raffiner un minerai rare à des fins militaires. Une autre planche représentait la coupe du corps humain avec les organes, tube digestif, estomac, cœur, poumons, foie, dans lesquels travaillaient de petits hommes chargés d'en assurer le fonctionnement. Dans la bouche, des marteaux-piqueurs fragmentaient les aliments, tandis qu'un ouvrier les arrosait à l'aide d'un jet d'eau, une chaîne de godets descendait les éléments du repas jusqu'à l'estomac où une vis sans fin malaxait le tout ; le foie était une distillerie préparant la bile, des wagonnets transportaient le bol alimentaire jusque dans le côlon où travaillaient des dizaines d'ouvriers. Je me suis bien gardé de montrer mes premières réalisations à un psychanalyste, il aurait fait assurément beaucoup de commentaires sur ma vision des profondeurs.

C'est peut-être mon attirance pour le sous-sol qui me poussa par la suite à m'inscrire au Spéléo Club de Paris pour participer chaque été à l'exploration des grottes et d'une rivière souterraine dans le Doubs, ainsi que des chouroums (gouffres) du massif du Dévoluy.

En 1968, mon collègue et ami Yves Coppens me suggéra d'envoyer un dossier de candidature à la Fondation de la Vocation créée en 1959. Son fondateur, Marcel Bleustein-Blanchet emprisonné en Espagne pendant la guerre s'était promis d'accomplir un vœu s'il retrouvait la liberté, celui d'aider les jeunes à réaliser leur vocation, comme il avait pu le faire lui-même en créant son entreprise de communication qui deviendra le grand groupe international Publicis. Cette fondation s'adressait à des jeunes de 18 à 30 ans, qui, faute de moyens matériels et personnels, avaient des difficultés à s'accomplir dans leur métier, des jeunes qui désiraient faire de leur vie leur passion.

Mon dossier exposait les résultats de ma première expédition au Niger sur un exceptionnel gisement de dinosaures. Cette mission avait été financée par le Commissariat à l'énergie atomique, mais je n'avais aucun moyen financier pour retourner en Afrique. À la Fondation de la Vocation, une centaine de candidatures était examinée par un comité de sélection, puis une quarantaine d'entre elles était soumise à un jury composé au fil des années de membres prestigieux : Jean Bernard, hématologue, Françoise Giroud, journaliste, Pierre Cardin, couturier, Christiane Desroches Noblecourt, égyptologue, René Clair, cinéaste, Raymond Aron, philosophe et politologue, Emmanuel Leroy-Ladurie, historien, Jacqueline Auriol, aviatrice, André Lwolf, biologiste…

Après avoir déposé mon dossier au début de l'été 1968, j'apprenais en septembre que j'étais sélectionné. J'avais effectué quelques visites auprès de membres du jury pour me faire connaître. Je me souviens de mon entrevue avec la directrice du journal *L'Express*, Françoise Giroud, qui me reçut très aimablement en me disant : « Je ne connais rien aux dinosaures, mais vous m'êtes très sympathique ! » Mon dossier a été défendu par deux membres du jury, Francis Perrin, haut-commissaire à l'énergie atomique et l'avocat maître René Floriot : le premier en raison de mes liens avec les chercheurs d'uranium au Niger, le second grand chasseur de la faune africaine à cause de la découverte de mon crocodile géant du Crétacé.

La cérémonie de remise des bourses eut lieu dans un lieu prestigieux sous le parrainage de l'écrivain André Maurois, suivie d'un banquet au cours duquel les lauréats étaient invités à la table de leurs parrains.

Dans les promotions antérieures à la mienne, des lauréats avaient fait la une des journaux, tel le spéléologue Michel Siffre qui, en 1962 séjourna deux mois dans les profondeurs de la terre, Yves Coppens coauteur de la découverte de l'australopithèque Lucy, Philippe Gentil, marionnettiste qui eut une brillante carrière internationale jusqu'à Las Vegas. J'avais pu mesurer la précocité et la force de sa vocation, car j'avais été dans la même classe que lui au lycée de Reims. Il avait alors inventé un système ingénieux qui consistait à cacher derrière le tableau une marionnette articulée en carton reliée par un fil qui passait sous l'estrade du professeur. Assis au premier rang, il lui suffisait de tirer sur le fil pour faire apparaître sa marionnette qui gesticulait pour le plus grand plaisir de toute la classe. Un dispositif parfaitement fonctionnel et discret jusqu'au moment où le professeur, se retournant soudainement pour écrire au tableau, découvrit la fameuse marionnette. Résultat, Philippe Gentil fut renvoyé pendant huit jours.

Dans ma promotion furent sélectionnés plusieurs lauréats remarquables : Jacques Monestier, sculpteur d'automates, dont les œuvres sont admirées dans le monde entier, tel *Le Défenseur du temps*, une horloge monumentale installée dans le quartier de Beaubourg à Paris ; Philippe Petit, funambule, devenu célèbre pour avoir marché sur un fil entre les tours de Notre-Dame, puis entre les deux tours du World Trade Center ; Bernard Surugue, ethnomusicologue, grand connaisseur des musiques traditionnelles du Niger ; Alain Germain, acteur et metteur en scène, qui créa sa propre compagnie en 1972.

Être lauréat me valut de participer à quelques événements notables. Lors du vingtième anniversaire de la Fondation, un certain nombre d'entre nous fut invité au palais de l'Élysée pour être accueillis par le président de la République, Valéry Giscard d'Estaing. Je me souviens de la présentation cocasse de Jacques Monestier :

« Jacques Monestier, fabricant d'automates, monsieur le président.

– Fabricant de tomates ?

– Fabricant d'automates, monsieur le président. »

La même année, quelques lauréats – dont Herbert Thomas, Alain Germain et moi – ont souhaité fêter également cet anniversaire en organisant un événement original au Muséum. Alain Germain et sa compagnie se chargèrent de concevoir et de mettre en scène un spectacle musical et théâtral surréaliste, *Ostéodrame*, intégré dans l'impressionnant cortège de squelettes de dinosaures et de mastodontes de la galerie de paléontologie. Le public placé au balcon surplombant la scène pouvait suivre le déroulement d'une série de tableaux : un quatuor assis entre les pattes de l'éléphant fossile de Durfort exécutait quelques pièces de musique ancienne avec cromorne, rebec, viole de gambe, cornet à bouquin, tambourin. Puis un duo chantait quelques morceaux de bravoure de *L'Enlèvement au sérail* de Mozart, suivi par un ballet de danseuses agenouillées autour de crânes d'hommes fossiles et par un violoniste qui cheminait le long de la queue du diplodocus en jouant une *Partita* de Jean-Sébastien Bach. L'événement, qui était présenté en nocturne, eut beaucoup de succès. Le quotidien *Le Monde* s'en fit l'écho dans une critique intitulée « Bach chez les dinosaures ».

En 1988, pour la commémoration du bicentenaire de la mort de Buffon, l'intendant du Jardin du Roi, plusieurs célébrations eurent lieu. Une grande exposition célébrant la vie et les œuvres du grand naturaliste fut organisée au Jardin des Plantes et pour accompagner celle-ci, j'eus l'idée de demander à Alain Germain de monter avec sa compagnie, un spectacle écrit par notre archiviste Yves Laissus, intitulé *Buffon, côté jardin*. Un petit théâtre présentait chaque soir, sur une musique pour voix et clavecin de Ichido Nodaira, les dialogues entre trois personnages en habit du XVIIIe siècle : Georges Louis Leclerc de Buffon, son jardinier en chef André Thouin et Mme Necker, épouse du grand argentier du royaume. Le spectacle raffiné et plein d'humour attira un large public, dont le ministre de la Recherche, Hubert Curien, qui avait été en Sorbonne mon professeur de minéralogie et cristallographie.

Au fil des ans, j'ai eu l'occasion de parler à maintes reprises de ma vocation à la radio et à la télévision. J'ai eu la chance d'être invité par France Musique dans l'émission de Claude Maupomé, *Comment l'entendez-vous ?*. Cette grande dame de la radio posait d'une voix douce des questions au cours d'un entretien où l'on parlait de tout, de soi et des autres, de souvenirs d'adolescence et de la vocation. L'invité choisissait les musiques qui avaient enchanté sa vie ; je proposai des cantiques de Jean-Sébastien Bach qui ont marqué mon enfance, des chansons de Barbara, de Jacques Brel ou des frères Jacques, « Moi mes souliers » de Félix Leclerc. L'invité pouvait également proposer d'insérer quelques rencontres de personnalités marquantes, et j'avais choisi Françoise Giroud et naturellement Théodore Monod.

J'ai gardé également un excellent souvenir en 1986 de la 36e cérémonie de remise des bourses de la promotion Philippe Taquet, présentée par Jacques Chancel dans l'immense salle du théâtre de l'Empire et qui mettait à l'honneur l'accomplissement de ma vocation en présence du jury au complet et de Léopold Sédar Senghor, ancien président de la République du Sénégal.

Depuis 1959, la Fondation de la Vocation a généreusement aidé un grand nombre de jeunes. Elle a fêté en 2024 son soixante-cinquième anniversaire et financé 1778 lauréats. Élisabeth Badinter, la fille de Marcel Bleustein-Blanchet, fidèle à sa mémoire, lui a succédé. La Fondation s'est enrichie en 1976 d'un prix littéraire distinguant chaque année le premier roman d'un jeune écrivain, comme Emmanuel Carrère, Marie NDiaye, Amélie Nothomb ou Joël Dicker, et d'un prix de poésie.

Ma vocation de paléontologue m'a donné l'occasion d'être invité en de nombreux endroits pour parler de la vie et de la mort des dinosaures. Immanquablement, à la fin de mes exposés, quelques auditeurs n'omettaient pas de poser des questions sur les preuves de l'évolution des espèces et sur leur extinction, sur le sort qui sera réservé à celle à laquelle nous tenons le plus, la nôtre. Depuis la publication en 1859 du célèbre ouvrage de Charles Darwin, *L'Origine des espèces*, il est démontré qu'à partir d'une ascendance commune on peut expliquer scientifiquement la diversité des espèces. Mais la théorie de l'évolution encore aujourd'hui ne fait pas l'unanimité. Les fondamentalistes chrétiens ou musulmans croient en un Dieu créateur et s'attachent à une lecture stricte de la Bible ou du Coran. Ainsi, j'ai eu l'occasion de donner une conférence sur les dinosaures dans un grand centre de recherches médicales à Dallas, centre financé par l'Église baptiste du Texas. Après mon intervention, l'épouse de l'un des mécènes est venue vers moi pour me demander discrètement : « Mais l'évolution, vous y croyez vraiment ? » De même à Alger, j'ai fait un exposé devant les étudiants et les étudiantes voilées de l'université Houari-Boumediene. Pour la majorité d'entre eux, les dinosaures étaient présents dans le Coran, sous la forme de dragons maléfiques. Parler de l'évolution suscitait en toute logique leur question : comment concilier la foi et la science ? Devant ces auditoires, plutôt que de se lancer dans des questions théologiques, j'expliquais à mes interlocuteurs la différence entre le « comment » et « le pourquoi » des choses. La science explique le « comment » : comment s'est constituée la Terre notre planète depuis le big bang à partir de nuages de gaz avec l'accrétion de poussières, comment les montagnes se sont formées et soulevées, comment sont nés les dinosaures et comment ils se sont diversifiés, comment les ancêtres fossiles de l'homme ont été découverts, etc. La métaphysique s'attache, elle, à expliquer le « pourquoi » : pourquoi la Terre, pourquoi la vie, pourquoi la mort, pourquoi l'homme, etc. Mélanger le comment et le pourquoi est donc source de confusion. La science ne peut expliquer le pourquoi, ce n'est pas son rôle. La métaphysique ne peut expliquer le comment, ce n'est pas sa fonction. L'homme de science tente de comprendre rationnellement le fonctionnement du monde qui nous entoure. L'homme de foi tente de répondre aux questions existentielles qu'il se pose en trouvant une explication qui relève de l'espérance. Les deux questionnements, le comment et le pourquoi sont le propre de l'homme.

L'extinction des dinosaures il y a 65 millions d'années suscite elle aussi bon nombre de questions. La succession des êtres vivants à la surface de notre planète est-elle le résultat de l'évolution biologique, de l'identité de la reproduction des espèces ou de la nouveauté de la variation ? Est-elle au contraire le résultat des révolutions du globe, de la survivance des plus chanceux (et non des plus aptes) si des événements extraterrestres comme la chute de météorites, ou liés à la dynamique interne du manteau terrestre, comme les éruptions volcaniques, jouent un rôle finalement beaucoup plus important que l'on ne pensait ?

Si les espèces disparaissent, quel sera le sort réservé à notre espèce ? La fin de l'humanité sera-t-elle causée par la compétition avec d'autres espèces ? ou par une épidémie ? ou bien à la suite de la chute d'une énorme météorite ? ou à la suite du réchauffement climatique ? À ces interrogations, la paléontologie, la science, ne peuvent apporter de réponses.

Les questions d'évolution et d'extinction des espèces suscitent des réactions parfois surprenantes. Après une émission de télévision de François et Marlyse de La Grange sur les animaux du monde, dans laquelle j'avais abordé le sujet de l'évolution des espèces, j'ai reçu deux lettres inattendues. L'archange Gabriel en personne m'a adressé une longue missive signée de l'empreinte digitale de son pouce. « Vous, incroyant, Philippe Taquet, c'est moi l'archange Gabriel qui vous réponds. Les Français sont des faussaires de l'histoire mondiale. Sachez que s'attaquer à la Bible et au Coran, c'est au puissant seigneur que vous faites offense. » D'une écriture étrange et tremblée, l'auteur de la lettre me condamnait en raison de mon discours sacrilège à la damnation éternelle ! J'attends avec calme et sérénité cette sévère punition.

Au dos de cette lettre, François de La Grange avait ajouté quelques mots manuscrits : « Pour votre collection, avec mon amitié. Dieu dit : "Il faudrait tuer tous les dinosaures." L'archange Gabriel répondit : "Ça ferait beaucoup de monde, Seigneur !" »

Pour avoir parlé à la télévision de la difficulté d'expliquer l'extinction des dinosaures, une charmante dame, voyante extralucide m'adressa une longue lettre, m'informant qu'après l'émission, elle avait consulté sa boule de cristal. Elle me décrivait sur plusieurs pages le véritable scénario de cet événement ! Je crois pouvoir dire qu'il était très éloigné de la réalité.

CHAPITRE XIII

Moi, mes souliers…

Le paléontologue est très souvent nomade. Il se rend en mission sur le terrain, en France, mais souvent dans des pays lointains. Il voyage aussi pour visiter des gisements célèbres, des musées et leurs collections, et rencontrer des collègues lors de congrès.

Lors de la préparation de ma thèse de doctorat sur les dinosaures du Niger, je me suis plongé dans la littérature dinosaurienne pour rassembler toutes les informations me permettant de comparer les ossements que j'avais découverts à ceux qui avaient déjà été décrits. Il m'est apparu très vite que les descriptions déjà publiées ne suffisaient pas pour répondre à toutes mes questions, et que de nombreuses pièces osseuses en ma possession, en particulier des os crâniens, étaient difficiles à déterminer. Il me fallait connaître plus en détail l'anatomie des différents types de dinosaures, qu'ils soient bipèdes ou quadrupèdes, herbivores ou carnivores.

Je fis le projet d'organiser un voyage d'étude des lieux emblématiques abritant des dinosaures, mais aussi pour rencontrer des spécialistes aguerris sur leurs lieux de travail. Mon choix s'est porté sur les États-Unis et sur le Canada. Or l'abbé Albert Félix de Lapparent, géologue aguerri, ayant publié notamment plusieurs mémoires sur les dinosaures du Sahara et sur ceux de Provence souhaitait lui aussi se rendre en Amérique du Nord où il avait depuis longtemps plusieurs correspondants. Lors l'une de ses missions sahariennes, il était tombé du haut de son dromadaire et s'était démis l'épaule gauche. Au prix de terribles souffrances, son guide le ramena à marche forcée jusqu'à un poste militaire. Il avait gardé une paralysie du bras gauche et ne pouvait transporter ses bagages qu'avec le bras droit. Nous décidâmes d'unir nos projets avec pour moi la mission de lui servir de porteur et de chauffeur.

C'est ainsi que du 20 avril au 23 mai 1971, nous fîmes outre-Atlantique un voyage extraordinaire dans un grand nombre de lieux emblématiques sur la piste des dinosaures américains.

À New York, la visite de l'American Museum of Natural History s'imposait. Plusieurs salles plus impressionnantes les unes que les autres présentaient une centaine de squelettes complets dont les célèbres *Tyrannosaurus*, *Triceratops*, *Stegosaurus*, *Apatosaurus* et une belle collection d'hadrosaures, ou dinosaures à bec de canard. J'avais emmené le meilleur appareil photo du laboratoire, un Hasselblad suédois, et les responsables des collections de reptiles m'autorisèrent à prendre autant de clichés en noir et blanc que je souhaitais.

Puis nous prîmes le train pour New Haven afin de visiter le Yale Peabody Museum où se trouvent les collections du célèbre chasseur de dinosaures Othniel Marsh et l'université Yale pour rencontrer John Ostrom. Celui-ci venait de décrire le squelette complet d'un dinosaure carnivore nommé *Deinonychus*, long de 3,5 mètres, trouvé dans des sédiments du Crétacé inférieur de l'État du

Montana. Son étude révolutionna notre façon de penser sur les dinosaures. Avant les travaux de John Ostrom, on imaginait ces reptiles comme des animaux balourds et lents. L'anatomie de *Deinonychus* montrait que l'on avait affaire à un animal agile, équipé de griffes aussi redoutables que celles des rapaces, capable de sauter sur ses proies. Cet animal a inspiré Stephen Spielberg qui en a fait le modèle des redoutables raptors dans son film *Jurassic Park*. Cette renaissance des dinosaures a rouvert le débat pour savoir si les dinosaures avaient le sang chaud ou le sang froid. Ostrom deviendra célèbre par la suite en montrant que les squelettes de petits dinosaures carnivores, tel celui des droméosaures, étaient très proches anatomiquement du premier oiseau, le fameux archéoptéryx. Lorsque j'eus terminé la rédaction de ma thèse, je lui envoyais mon manuscrit en lui demandant une lecture critique de mon travail. Quelle ne fut pas ma surprise de recevoir quelques semaines après mon envoi, un avis des douanes de Paris-Batignolles me demandant de retirer un paquet d'une valeur déclarée de 53 dollars venant des États-Unis avec l'obligation de payer une taxe ! Armé d'une paire de ciseaux, j'ai ouvert mon paquet pour montrer au douanier que j'étais bien l'auteur de l'ouvrage et que je n'étais pas imposable.

Dans un coin du laboratoire d'Ostrom, un de ses élèves, cheveux longs, chapeau de cow-boy sur la tête et tenue hippie dessinait de superbes reconstitutions du *Deinonychus*, en pleine action. Cet étudiant s'appelait Bob Bakker ; il sera connu par la suite pour son ouvrage anticonformiste : *Dinosaur Heresis : New Theories Unlocking the Mysteries of the Dinosaurs and Their Extinction.* J'écrirai la préface de la version française.

Le lendemain, Ostrom nous conduisit au domicile de Jack McIntosh, professeur de physique passionné par l'anatomie des squelettes des grands dinosaures herbivores que l'on appelle les sauropodes. McIntosh savait tout sur ces géants du mésozoïque : les emplacements de leurs découvertes, les noms des découvreurs et des fouilleurs, le dégagement des squelettes, les erreurs de certaines reconstitutions. Ce chercheur amateur, pétillant de joie, dynamique et volubile nous montra sa collection de 10 000 photographies de ses chers sauropodes. Il a publié plusieurs monographies et, en hommage à ses travaux, un nouveau sauropode lui a été dédié : *Brontomerus mcintoshi.*

Le lendemain, John, Jack, Albert Felix et moi avons pris la route de la vallée du Connecticut pour visiter le parc de Rocky Hill, un espace protégé avec, sur des dalles gréseuses, des centaines d'empreintes tridactyles de dinosaures découvertes en 1960. Puis nous avons roulé jusqu'à Amherst dont le collège abrite des milliers d'empreintes récoltées dans la seconde moitié du XIXe siècle par le géologue Edward Hitchcock, qui pensait qu'elles étaient celles d'oiseaux géants.

Notre voyage s'est poursuivi jusqu'à Princeton dont le musée présente le squelette original du dinosaure carnivore du Jurassique, l'allosaure. Nous souhaitions également rencontrer le paléontologue Roland T. Bird, l'auteur de la découverte de superbes pistes de dinosaures sauropodes imprimées dans des calcaires du lit de la Paluxy River près de Glen Rose au Texas.

De retour à New York, nous prîmes l'avion pour l'Arizona afin de rendre visite à Edwin Colbert qui avait été en charge du département des reptiles fossiles à l'American Museum. Nous avons loué une superbe berline, une Plymouth, pour poursuivre notre périple jusqu'à Flagstaff. Colbert était l'auteur de plusieurs ouvrages sur les dinosaures dont un passionnant *Men and Dinosaurs* contant l'histoire de leurs premières découvertes à travers le monde : en Grande-Bretagne avec l'iguanodon et le mégalosaure, en Belgique avec le célèbre troupeau d'iguanodons, en Patagonie, au Tanganyika, en Mongolie-Extérieure et bien sûr en Amérique du Nord avec les épisodes rocambolesques de la ruée vers l'os dans l'ouest de ce continent. Nous profitâmes de la proximité du Grand Canyon du Colorado pour effectuer une randonnée mémorable et admirer la plus belle coupe géologique du monde. Nous sommes descendus au fond du canyon à – 1 500 mètres et sommes remontés dans la même journée, soit une marche de 24 *miles* (38 kilomètres) ! Notre Plymouth nous permit également de visiter et d'admirer les sites de Monument Valley, du Meteor Crater et de la Petrified Forest.

La suite du voyage se déroula à Denver (Colorado) pour voir le musée, puis à Vernal, le très spectaculaire Dinosaur National Monument où un immense bâtiment se trouve adossé à une couche géologique inclinée à 45 degrés. Le musée pourvu d'un balcon permit de voir des centaines d'os ou de portions de squelettes dégagés en partie et encore enchâssés dans la roche gréseuse du Jurassique supérieur.

L'étape suivante nous mena dans la petite ville de Laramie (Wyoming) pour rencontrer Paul McGrew, qui nous fit découvrir sur le terrain les célèbres gisements du Jurassique supérieur de Como Bluff situés à 90 kilomètres et sa fameuse Quarry 9 découverte en 1878. Dans ces formations les os de dinosaures sauropodes étaient si nombreux que les ouvriers travaillant à l'installation de la ligne de chemin de fer transaméricaine avaient construit pour s'abriter une cabane faite de vertèbres empilées : Bone Cabin. La journée se termina dans le ranch de Paul McGrew où gambadaient une vingtaine de magnifiques mustangs. Ils me rappelèrent le roman de l'Américaine Marie O'Hara *L'Herbe verte du Wyoming* que j'avais lu dans mon enfance. Les déplacements dans la voiture de Paul étaient assez surprenants, car il y avait à bord entre les deux sièges avant un bar self-service pourvu d'excellents bourbons.

De Vernal, nous prîmes la route pour traverser la première chaîne des montagnes rocheuses, en passant par la magnifique Flaming Gorge et son immense lac de barrage pour rejoindre en Utah la capitale des mormons, Salt Lake City, puis au sud, la Brigham Young Univesity dans la ville de Provo. Nous souhaitions rencontrer une figure parmi les paléontologues chasseurs de dinosaures, Jim Jensen, et évoquer avec lui les recherches célèbres dans la fameuse carrière de Cleveland avec la plus forte concentration d'os de dinosaures jamais découverte. Depuis 1927, le gisement a livré 15 000 ossements notamment ceux du premier allosaure que nous avions vu à Princeton. L'université avait un stock impressionnant de dinosaures de cette carrière encore enrobés dans leur coque de plâtre. Mais Jim Jensen était sur le terrain ; pour avoir une chance de le rencontrer il suffisait de prendre la route de Grand Junction vers l'est. Avec un peu de chance, nous dit-on, vous verrez un 4×4 jaune remorquant une caravane blanche. Ce sera lui. En effet, après avoir roulé un nombre respectable de *miles*, nous avons eu la surprise de croiser celui que nous cherchions. Demi-tour sur les chapeaux de roues ! Très rapidement, nous dépassâmes le véhicule en l'obligeant à s'arrêter. « *Professor Jensen, I presume ?* Puis-je vous présenter M. de Lapparent ? » Une rencontre cocasse sur une route désertique. Jensen ravi nous fit alors les honneurs du gisement où il était en train d'extraire le fémur géant d'un brachiosaure, qu'il nommera en 1985 *Supersaurus*. On supposait alors que ce sauropode avec ses 33 mètres de la tête à la queue était le plus long jamais découvert.

Notre périple dans l'Ouest se terminant, nous avons regagné Denver, pour rendre notre belle américaine et prendre un avion pour Chicago afin de visiter le célèbre Field Museum of Natural History. Le musée qui rivalise avec ceux de New York et de Washington s'est offert le luxe en 1997 d'acheter aux enchères, pour 8 millions de dollars, Sue, le squelette complet d'une femelle de tyrannosaure.

J'ai eu l'occasion de revenir aux États-Unis un bon nombre de fois et j'ai pu nouer des liens étroits avec plusieurs spécialistes des dinosaures. À Berkeley, en Californie, j'ai fait connaissance avec Samuel Paul Welles associé au musée de paléontologie de l'université. Il a été le découvreur dans l'Arizona d'un étrange carnivore du Jurassique, *Dilophosaurus*, dont la particularité est de posséder sur le crâne deux imposantes crêtes parallèles ; ce qui lui donne une allure impressionnante qui n'a pas échappé aux scénaristes de *Jurassic Park*. Ils ont fait de ce dinosaure un reptile redoutable et venimeux capable de cracher un poison visqueux quand on s'approche trop de lui. J'ai travaillé par la suite avec Welles pour publier la redescription de l'arrière-crâne d'un dinosaure carnivore du Jurassique trouvé en 1920 à Dives en Normandie sous le nom de *Piveteausaurus* en hommage au professeur dont j'ai été l'élève. Dans le laboratoire de Berkeley se trouvait alors un jeune étudiant, Kevin Padian, excellent spécialiste des dinosaures et des reptiles volants, les ptérosaures. Nous sommes devenus amis et avons publié ensemble dans les comptes rendus de l'Académie des sciences, une note sur le dessin de la première représentation d'un reptile volant, découvert dans les archives de Georges Cuvier. Accessoirement, Kevin m'a initié à la musique country et il a été le traducteur en anglais de mon livre *L'Empreinte des dinosaures*.

J'ai eu également la chance de faire connaissance de Jack Horner rendu célèbre par ses découvertes dans le Montana de pontes de dinosaures dont les œufs encore en place contenaient des embryons d'hadrosaures (à bec de canard), mais aussi des œufs éclos avec les bébés ainsi que les squelettes des parents à proximité. Ses découvertes ont montré l'existence de soins parentaux chez les dinosaures. Jack a été le modèle du paléontologue du film de Spielberg.

Le Canada est un pays privilégié par l'abondance et la variété des dinosaures découverts dans l'ouest du pays. Il abrite aujourd'hui, à mon avis, le plus beau des musées qui abritent des squelettes originaux du Crétacé supérieur. Le Royal Tyrell Museum of Palaeontology, construit à Drumheller en Alberta en 1985, est situé au pied de gisements fossilifères d'une richesse incroyable ; il abrite 50 squelettes complets de dinosaures ; de plus, les bâtiments se trouvent au pied des couches géologiques ce qui permet après la visite des salles d'exposition de se promener dans un musée de plein air sur les affleurements pour admirer les fossiles encore en place.

Lors de ma première visite au Canada, je fis connaissance au musée canadien de la nature, à Ottawa, de Dale Russell, un paléontologue enthousiaste, fin connaisseur des mosasaures, reptiles marins du Crétacé et des dinosaures canadiens. Devenu mon ami, je l'ai invité à se joindre à nous lors de l'une de nos missions au Maroc. Dale a été le premier à avancer l'hypothèse d'une cause extraterrestre pour expliquer l'extinction des dinosaures il y a 65 millions d'années. Il a supposé que celle-ci était due à l'explosion d'une supernova proche de la Terre, qui aurait modifié le climat, hypothèse abandonnée aujourd'hui. Il lui est arrivé une aventure peu banale dans ses fonctions de conservateur du musée. Il a imaginé ce qui aurait pu être, le temps aidant, l'évolution d'une lignée de dinosaures bipèdes en dinosaures humanoïdes plus intelligents ! Son dinosauroïde fit beaucoup de bruit dans la communauté des paléontologues, car dans une publication surprenante, il présenta une superbe reconstitution d'un dinosaure humanoïde avec une tête globuleuse pourvue de deux grosses orbites, un corps filiforme avec deux bras allongés se terminant par deux doigts griffus ! Succès assuré, d'autant qu'il fit réaliser un modèle en plastique, bien avant le personnage de *E.T.* du cinéma. Ce dinosauroïde fut exposé dans la galerie des dinosaures du musée. Hélas, un beau jour il disparut, victime d'un vol ! La police montée canadienne convoqua Dale pour recueillir les informations sur l'objet du délit : taille, identité, poids, couleur et signes caractéristiques, pour lancer un avis de recherche. La nouvelle fit la une des journaux ; les semaines passèrent sans nouvelles du dinosauroïde. Jusqu'au jour où Dale reçut un coup de téléphone de la police lui annonçant qu'on avait retrouvé la créature… dans une cabine téléphonique, enveloppée dans un grand sac en plastique. Nouvelle convocation de Dale pour procéder à l'identification de dinosauroïde. C'était bien lui ! On supposa que quelques étudiants farceurs avaient récupéré l'humanoïde pour qu'il participe à une soirée festive. Le dinosauroïde ne fut plus exposé, il se tient aujourd'hui sagement dans les réserves du musée, hors de la vue du public.

Mes souliers m'ont porté dans un grand nombre d'autres lieux : en Patagonie pour voir Rodolfo Casamiquela, grand découvreur de dinosaures et excellent chanteur de milonga ; à Tucuman pour faire connaissance de Jose Bonaparte, qui a décrit les premiers petits mammifères mésozoïques d'Amérique du Sud ; pour rencontrer Diogenes de Almedia Campos à Rio de Janeiro et publier avec lui une note sur un reptile volant du célèbre gisement de Ceara dans le nord-est du Brésil ; à Lisbonne pour admirer sous la conduite de Miguel Telles Antunes, les magnifiques empreintes de dinosaures du cap Espichel (dans la légende locale, les traces sont celles de l'âne portant la Vierge Marie, sortant de l'océan).

En Europe de l'Est, j'ai eu le plaisir de visiter à Varsovie le musée de l'évolution de l'Académie des sciences de Pologne, où ma collègue Zofia Kielan Jaworovska exposait les dinosaures du désert de Gobi qu'elle avait récoltés au cours de plusieurs missions avec ses collègues de Mongolie.

Mes voyages paléontologiques furent parfois l'objet de tribulations inattendues : coups d'État au Niger (2), à Madagascar et en Bolivie, dynamitage de la piste de l'aéroport de Buenos Aires par les Monteneros, entraînant un blocage de tous les vols, etc.

J'ai eu quelques démêlés avec les VoPos, garde-frontières de la République démocratique d'Allemagne de l'Est, pour franchir le mur de Berlin à l'endroit du célèbre point de contrôle de Checkpoint Charlie. J'ai passé cette frontière bien gardée pour me rendre à l'Alexander

Humboldt Museum où étaient exposés les magnifiques dinosaures du Jurassique supérieur du Tendaguru, récoltés par les Allemands dans le pays qui était autrefois leur colonie sous le nom de Tanganyika et qui porte aujourd'hui le nom de Tanzanie. Il était nécessaire pour franchir le mur d'avoir avec soi une somme de 100 marks de l'Ouest pour les dépenser dans la journée côté Est. Lorsqu'en fin de journée (il fallait impérativement revenir à Berlin Ouest avant 22 heures) le VoPo, casqué, tout de vert vêtu, fusil à l'épaule, me demanda, en allemand, ce que j'avais fait de mes marks. Je lui ai répondu dans mon allemand rudimentaire que j'avais pu manger dans la journée au restaurant. Le VoPo comprit que je me moquais de lui en répondant que je les avais mangés ! Cris et tremblements ! Je fus obligé de rentrer dans une cabine pour être fouillé longuement de la tête aux pieds avant d'être autorisé de retrouver la liberté.

Plus exotique et lointain fut le voyage début avril 1989 à Moorea, l'île voisine de Papeete, en compagnie du professeur Claude Lévi, titulaire de la chaire de biologie marine du Muséum, pour visiter la station biologique, fruit d'une association du Muséum et de l'École pratique des hautes études. Le laboratoire se consacrait notamment à l'étude des récifs coralliens. Le haut-commissaire de la République en Polynésie française nous proposa ensuite son avion pour rendre visite à Bora-Bora à Paul-Émile Victor, qui durant toute sa vie avait entretenu une fructueuse collaboration avec le musée de l'Homme. Comme il savait si bien le faire, il évoqua au cours d'une journée ensoleillée ses souvenirs du monde boréal. Las ! le 7 mars 1995, tous ses amis recevaient de lui une lettre *post mortem* pleine d'humour, nous informant que, par suite d'un événement imprévu et fâcheux, il avait été obligé de rejoindre ses amis inuits dans la nuit polaire.

J'ai été élu en 2004, président de l'International Commission on the History of Geological Sciences (INHIGEO). Cette commission a l'intérêt de réunir une fois par an les passionnés de l'histoire de la géologie dans un pays différent. Après la présentation d'une série de communications, les participants vont en excursion sur le terrain examiner les lieux qui ont inspiré les premiers géologues : dans le sud-est de la France sur les traces d'Alcide d'Orbigny, l'un des fondateurs de la stratigraphie, en Espagne pour visiter les mines de cinabre, minéral donnant le mercure, en Italie sur les lieux ayant inspiré Léonard de Vinci, etc. C'est ainsi que j'ai pu retrouver régulièrement mes collègues, en France, en Allemagne, en Espagne, en Angleterre, en Irlande, en Norvège, en Lituanie, en Australie, en Afrique du Sud, aux États-Unis, au Canada...

Je peux marquer d'une pierre blanche mon premier voyage en Chine en 1984. Ce fut un dépaysement total, car le pays n'accueillait encore qu'un faible nombre de visiteurs étrangers. Muni d'un indispensable *alien travel permit*, j'avais obtenu la possibilité de visiter les gisements de dinosaures du Yunnan au sud et du Shantung à l'est. Accompagnés d'un collègue du laboratoire, Herbert Thomas, spécialiste des bovidés fossiles, nous avons atterri à Pékin, en plein hiver par un froid de canard (laqué !).

Mao Zedong, le grand timonier, mort en 1976, était encore exposé place Tiananmen dans un cercueil en verre et nous lui avons rendu visite après avoir patienté dans une longue file d'attente. Dans le Shantung, je souhaitais voir les gisements du Crétacé supérieur d'où avaient été extraits des œufs et des ossements d'un étrange dinosaure à bec de canard nommé *Tsintaosaurus*, dont le crâne s'ornait d'une curieuse protubérance. J'étais persuadé que cette disposition n'était pas naturelle et qu'elle était due à la déformation des nasaux au cours de la fossilisation. Accompagnés de mon homologue chinois, l'excellent spécialiste des dinosaures Dong Zhi Ming, nous nous rendîmes à Layang, la grande ville du Shantung.

En fin de journée, il faisait si froid que j'ai demandé à pouvoir acheter un confortable manteau chinois matelassé de feutre. Sortant de notre hôtel pour nous rendre dans le grand magasin le plus proche, nous nous sommes heurtés à un flux continu de dizaines de vélos qui nous empêchaient de traverser la rue. Mais, sidérés de voir deux étrangers sur le trottoir, deux cyclistes inattentifs se sont télescopés avant de chuter sans trop de mal sur le sol. En un instant un carambolage général projetait à terre des dizaines de cyclistes ! La voie était libre et nous avons pu enfin traverser la rue. Un grand magasin de vêtements se trouvait à proximité. Les manteaux étaient au quatrième étage. Nous empruntâmes un grand escalier lorsque je déclarai à mon collègue : « Herbert, j'ai l'impression qu'on nous suit. » En effet, cent cinquante Chinois nous emboîtaient le pas, curieux de connaître la raison de notre visite. C'était une situation qui me rappela une scène du *Lotus bleu* d'Hergé, lorsque Dupont et Dupond, suivis par des dizaines de badauds se disaient : j'ai l'impression qu'on nous suit. Enfin à destination, j'ai essayé devant une foule hilare plusieurs tenues avant de jeter mon dévolu sur un superbe manteau bleu très confortable.

CHAPITRE XIV

Immortel, mais pas éternel

Un beau jour de l'année 1965, alors que je venais de rentrer de mon premier voyage en Afrique où je m'étais rendu pour juger de l'intérêt et de l'ampleur du gisement de dinosaures du Niger, je reçus un courrier signé de Louis de Broglie, prix Nobel de physique pour sa découverte de la nature ondulatoire des électrons, et de Robert Courrier, pionnier de l'endocrinologie de la reproduction, tous deux secrétaires perpétuels de l'Académie des sciences. Ils m'informaient que l'Institut m'attribuait une subvention sur les fonds de la Fondation Paul Fallot.

Paul Fallot, géologue et paléontologue réputé, spécialiste de la géologie de la Méditerranée occidentale, fut professeur au Collège de France. La subvention destinée à m'encourager dans mes recherches paléontologiques au Sahara était d'un montant de 900 francs. Elle devait m'être remise sous la coupole de l'Institut de France lors d'une séance solennelle.

Je ne connaissais pas les bâtiments de l'Institut. J'invitais ma mère, naturellement très fière de son fils, à m'accompagner pour assister à la cérémonie. Le jour venu. Nous prîmes place sous la coupole pour être placés sur les sièges réservés au public. En face du public, une imposante statue en pied de l'empereur Napoléon, qui fut lui-même élu académicien. À 15 heures, une brigade de gardes républicains vint prendre place dans l'espace situé derrière la tribune du président et des deux secrétaires perpétuels. Des roulements virils de tambours annoncèrent l'arrivée des académiciens ; les gardes républicains au garde-à-vous, sabre au clair, alignés sur deux rangées formaient un comité d'accueil impressionnant. Puis une longue file d'académiciens descendit de la bibliothèque par un escalier étroit ; les hommes en habit vert entreprirent de gagner leurs places. Un bon nombre d'entre eux, en majorité très âgés, soutenus avec précaution par des huissiers pour descendre quelques marches furent déposés délicatement sur leurs sièges… où ils s'assoupirent immédiatement.

Comment aurais-je pu imaginer que trente-huit ans plus tard je serais appelé à présider la séance solennelle des prix de l'année 2013. Le cadre était le même, mais la composition de l'assemblée avait sérieusement changé. Un règlement intérieur imposait dorénavant d'élire un pourcentage déterminé d'académiciens de moins de 75 ans pour rajeunir l'effectif. L'Académie, non seulement avait changé, mais elle comptait désormais dans ses rangs un nombre notable de jeunes et brillantes académiciennes.

J'ai été élu le 19 mars 1990, membre correspondant, puis membre à vie, le 30 novembre 2004, dans la section des sciences de l'univers qui rassemble les paléontologues, les géologues, les géophysiciens, les géochimistes, les climatologues, les astrophysiciens. Les autres sections de l'Académie sont celles de mathématiques, de physique, de sciences mécaniques et informatiques, de chimie, de biologie moléculaire et cellulaire, de biologie intégrative, de biologie humaine. L'Académie comptait, fin 2024, 279 membres.

L'Académie des sciences a été créée en 1666 pour explorer et comprendre le monde. Elle encourage la curiosité, l'audace, la liberté et l'exigence qui caractérisent l'esprit scientifique. Dans un monde qui a plus que jamais le besoin de profiter des lumières de la science, l'Académie éclaire les grandes questions qui traversent nos sociétés : énergie, numérique, recherche spatiale, environnement et biodiversité, santé. Par des rapports indépendants et publics, accessibles à tous, elle enrichit le débat et met au service des politiques publiques l'expertise de ses membres.

Chaque mardi après-midi a lieu une séance publique au cours de laquelle sont présentés les dernières découvertes et les progrès récents dans toutes les disciplines scientifiques. J'ai été enchanté et souvent impressionné d'écouter mes éminents confrères et de suivre des discussions passionnantes dans une ambiance de grande écoute et de respect. Découverte d'exoplanètes, étude des séismes, immunité innée des insectes, évolution humaine, fractales, structure des virus, dynamique du manteau terrestre, recherches sur le cancer, maladies neurodégénératives, mécanique quantique, immunodéficience humaine, modification du génome, confinement des atomes par laser, magnétorésistance géante, cristaux liquides, autant de sujets à la pointe des progrès de la science. Quelques domaines suscitent cependant de vives controverses : réchauffement climatique, organismes génétiquement modifiés, pesticides...

La vie académique est également riche de travaux en commités thématiques : comité sur l'enseignement des sciences, comité des pays en développement, comité d'histoire des sciences, etc. L'Académie publie des comptes rendus depuis 1835 à l'initiative du physicien François Arago. Peu après mon arrivée à l'Académie, le secrétaire perpétuel Jean Dercourt, mon confrère et ami, me confia la tâche de directeur de la publication des comptes rendus de la série *Palevol.* Je fus chargé de faire expertiser, puis de publier les travaux présentés par les chercheurs en paléontologie, en préhistoire et dans les sciences de l'évolution.

Ma vie d'académicien changea en 2010, lorsque mes confrères m'élurent vice-président de l'Académie aux côtés du président Alain Carpentier, chirurgien et cardiologue de très grande réputation, concepteur des valves cardiaques biologiques d'origine animale. En 2010 il était en passe de mettre au point le premier cœur artificiel totalement implantable. Le bureau de l'Académie comprend le président, le vice-président et les deux secrétaires perpétuels. Chaque lundi se tient dans le salon Bonnefous de l'Institut un comité restreint composé entre autres du bureau, des délégués des neuf sections de l'Académie des sciences, de neuf membres élus en comité secret. Pendant deux ans, j'ai eu la chance de participer aux réunions chargées d'organiser la vie et les travaux d'une communauté qui a la particularité de travailler de manière collégiale.

Commença alors un tourbillon de rencontres, de réunions scientifiques, de commissions des prix, de discours et de cérémonies officielles. Le 11 mars 2011, le district nord-est du Japon fut frappé par un tremblement de terre massif de force 9 sur l'échelle de Richter, suivi d'un tsunami catastrophique entraînant de graves dommages à la centrale nucléaire de Fukushima, notamment la fuite de fluides radioactifs. Le président du Science Council of Japan adressa alors un message aux Académies des sciences en espérant qu'elles aideraient à la réhabilitation nécessaire. À Paris, un groupe de travail « solidarité Japon » s'est chargé d'apporter une expertise dans trois domaines : l'étude de ce séisme d'une force insoupçonnée, l'aide dans le domaine nucléaire, une expertise des questions sanitaires. Je fus chargé, en 2012, accompagné de mon confrère Yves Brechet, haut-commissaire au Commissariat à l'énergie atomique, d'apporter au Science Council of Japan les conclusions du rapport et les recommandations scientifiques de notre académie. Nous fûmes reçus solennellement et avec beaucoup de gratitude par nos confrères japonais.

Mes voyages se sont multipliés durant ces années de vice-présidence et de présidence : voyage en Pologne à Varsovie pour commémorer le 110e anniversaire de l'attribution du prix Nobel de chimie à Marie Curie (tout en regrettant que les académiciens de l'époque aient refusé par misogynie de l'élire dans leur compagnie) ; voyage à Taïwan pour la remise d'un prix à un chercheur engagé dans une collaboration franco-taïwanaise ; forum de science et technologie à Kyoto introduit par le Premier ministre Shinzo Abe ; voyages au Maroc pour les séances annuelles de l'Académie Hassan II des sciences et des techniques. Je me suis rendu deux fois à Berlin, invité à participer à l'événement Falling the Walls qui tous les ans célèbre l'anniversaire de la chute du mur. Une grande messe étonnante et stimulante qui rassemble sept cents personnes venues écouter des jeunes chercheurs et chercheuses de tous pays qui sont à la pointe des découvertes scientifiques et techniques. La séance est ouverte par la chancelière Angela Merkel. Toutes les présentations, y compris celle de la chancelière, ne peuvent dépasser un temps de parole de quatre minutes, sous peine de voir arriver un clown qui, par ses facéties, a le don d'interrompre immédiatement l'orateur. Se succèdent à la tribune des exposés brillantissimes. J'ai été témoin de l'intervention d'un jeune mathématicien au profil pour le moins original : cheveux longs, lavallière, grosse araignée accrochée au revers de sa veste qui, d'une voix douce, présenta la théorie mathématique de l'Allemand Bernhard Riemann, selon laquelle les zéros non triviaux de la fonction zêta ont tous une partie réelle égale à 1/2. Sa démonstration améliorait la connaissance de la répartition des nombres premiers et ouvrait de nouveaux domaines aux mathématiques. Son exposé lumineux et pédagogique faisait comprendre à un public non averti des concepts ardus. S'ensuivit une *standing ovation* des sept cents personnes présentes. Ce mathématicien s'appelait Cédric Villani ; il avait été lauréat de la prestigieuse médaille Fields (le Nobel des mathématiciens). Il sera élu peu de temps après à l'Académie des sciences. Le grand intérêt de ce forum, financé par les grandes entreprises allemandes est de forger des liens étroits et féconds entre la science et la société.

L'Académie des sciences entretient évidemment un grand nombre de liens avec de nombreuses instances scientifiques, en particulier avec les autres académies. Depuis un certain temps se tient ce que l'on a baptisé le « sommet du G7 ». C'est un forum informel qui réunit les chefs d'État des États-Unis, du Royaume-Uni, de France, d'Allemagne, du Japon, du Canada et d'Italie, pour répondre aux défis planétaires. Chaque année à l'occasion du sommet du G7 politique, le pays organisateur réunit quelques mois auparavant, les responsables de sept académies des sciences, auxquelles se sont joints depuis peu les représentants de sept autres académies pour un travail de réflexion en commun sur des enjeux scientifiques prioritaires afin de les soumettre aux responsables politiques. C'est ainsi que je me suis rendu pour le sommet de 2012 à Washington avec le président Alain Carpentier et mon confrère Ghislain de Marsily, hydrogéologue. La présence de ce dernier se justifiait car l'un des thèmes retenus concernait le problème de l'eau, de sa disponibilité et de son accès pour l'agriculture et les populations humaines. Le deuxième thème traitait de la résilience aux catastrophes naturelles ou technologiques, et le troisième de l'augmentation des connaissances sur l'effet de serre. Un mémorandum reprenant les conclusions de ces thèmes fut transmis par la suite aux politiques

Les discussions et la mise au point des résolutions furent passionnantes. Je découvrais, grâce aux explications de Ralph Cicerone, président en exercice de l'Académie américaine, que le président Obama était entouré d'une équipe scientifique importante pour faire chaque semaine le point sur les questions de la science et de la technologie. Je ne crois pas que nous ayons l'équivalent en France. De même, les membres de l'Académie des sciences regrettent qu'en France les élèves de l'École nationale d'administration (ENA), futurs responsables politiques, ne reçoivent durant leur formation que quelques cours d'histoire des sciences montrant le rôle et l'importance de ces disciplines dans le développement de nos sociétés. Un effort avait été fait dans ce sens, mais les cours en question ne bénéficiaient que d'un coefficient de 1 aux examens, de sorte que les étudiants ne prenaient même pas le soin d'y assister.

En 2013, j'ai succédé au président Carpentier en devenant à mon tour président de l'Académie des sciences, une fonction honorifique très accaparante. De sorte que j'ai participé en tant que président au forum suivant du G7, à New Delhi. Le premier thème choisi traita du rôle de la science, de la technologie et de l'innovation dans la conduite du développement durable, le second de la résistance des médicaments aux maladies infectieuses, une menace mondiale sur l'humanité.

En 2014, un sommet scientifique franco-britannique s'est tenu à Londres. Nous fûmes reçus par le chancelier de l'Échiquier, puis par nos homologues britanniques au siège de la plus ancienne Académie des sciences, la Royal Society of London, créée en 1660. À l'issue de nos travaux, nous avons été invités, selon la tradition, à signer le livre d'or de l'illustre institution… avec une plume d'oie ! En tournant les pages de cet épais volume, on pouvait noter, entre autres, la signature d'un certain Charles Darwin.

Durant mon mandat de vice-président de l'Académie des sciences, me remémorant mes années d'études au lycée il y a… plus de cinquante ans, j'eus l'idée de reprendre contact avec le merveilleux professeur qui m'avait fait prendre goût à la littérature française, William Stritt. Je souhaitais ainsi rendre hommage à un enseignant exceptionnel et lui montrer que l'un de ses anciens élèves avait suivi une vocation qui l'avait amené au bout de ses rêves. Sur Internet, j'ai pu retrouver les coordonnées de mon professeur, âgé de 94 ans, et lui adresser une invitation officielle.

Monsieur le Professeur,

J'ai été l'un de vos élèves au lycée de Reims il y a… plus de cinquante ans et j'ai eu la chance de suivre vos cours de littérature française alors que j'étais en seconde ou en classe terminale.

Je me permets donc de vous adresser ce courrier qui a pour seul but de rendre hommage à vos talents d'enseignant et à votre très grand sens de la pédagogie. J'ai gardé en effet, malgré les années, un merveilleux souvenir de vos cours, de la manière dont vous nous faisiez déclamer les tirades de Corneille ou de Racine : deux élèves étaient chargés sur l'estrade de jouer les reparties célèbres du *Cid*, une règle à la main en guise d'épée…

Membre de l'Académie des sciences, mes confrères m'ont élu vice-président en 2011. La séance solennelle de rentrée des cinq académies se tiendra sous la coupole le mardi 22 octobre prochain.

Je serai très heureux et honoré de vous inviter à assister à cette séance si vous le souhaitez…

Chaque année, à tour de rôle, le président de l'une des cinq Académies (Académies française, des sciences, des beaux-arts, des inscriptions et belles-lettres, des sciences morales et politiques) est chargé de présider les cinq Académies qui composent l'Institut de France. Le mardi le plus proche du 25 octobre, date de la création de l'Institut de France (3 frimaire an IV) se tient la séance solennelle de rentrée des cinq Académies. C'est l'occasion pour l'Institut de réaffirmer ses valeurs et son rôle dans le perfectionnement et la diffusion des savoirs. Les délégués des cinq Académies prononcent à travers le prisme de leur spécialité un discours sur un thème choisi collégialement, par exemple, l'eau, la lumière, la vie.

Le 17 octobre, mon ancien professeur, répondait positivement à mon invitation.

Cher Ami, Cher ancien élève,

Je me remets assez lentement de mon étonnement. Recevoir de Paris une lettre avec en-tête de l'Institut de France. Pour moi, c'est nouveau et aussi chargé d'honneur…

> […] Tout le début de votre lettre m'est forcément agréable et malgré la modestie animant, au fond, une longue vie, je suis heureux de lire vos éloges d'élève. Il y a tout lieu de vous croire, dans un domaine où les flatteries ne rapporteraient rien.

Le jour venu, M. Stritt et son épouse, très émus, prirent place sous la coupole pour écouter les interventions des cinq académiciens chargés de disserter sur le thème de l'année 2012, la transparence.

Il se trouve qu'en 2014, l'Académie des sciences fut chargée à son tour de présider l'Institut. C'est ainsi que, par le plus grand des hasards, je fus appelé à la tribune lors des séances solennelles. Cette année fut celle de la commémoration internationale de la guerre 1914-1918, il fut donc décidé d'évoquer ce conflit mondial[1].

À la tribune, entouré d'Hélène Carrère d'Encausse, secrétaire perpétuel de l'Académie française et de Jean-François Bach, secrétaire perpétuel de l'Académie des sciences, j'eus sous les yeux un parterre de personnalités : la directrice de cabinet du président de la République, le nonce apostolique, les ambassadeurs en France de quinze pays, le grand chancelier de la Légion d'honneur, le préfet de région, le recteur chancelier de l'Université de Paris, le président de l'Académie allemande des sciences, etc.

Dans mon ouverture, j'évoquais ma province natale, du nord de la France, soumise et meurtrie par l'invasion allemande en 1914, l'incendie de deux cent dix maisons

1. Séance solennelle de rentrée des cinq académies : https://www.canalacademies.com.

du Nouvion en Thiérache dont celle du grand historien, Ernest Lavisse, spécialiste de l'Allemagne. Je citai les nombreux lieux de mémoire de la région dont la pierre d'Audroy, monument de granit marquant l'emplacement où le caporal Pierre Sellier sonna de son clairon le cessez-le-feu en 1918.

Jean-Claude Casanova, délégué de l'Académie des sciences morales et politiques intitula son intervention : « Nécessité et responsabilité » ; Gilbert Amy, pour les Beaux-Arts : « Avant- et arrière-gardes » ; Jean-Pierre Kahane, pour les Sciences : « La science dans la guerre et la guerre dans la science » ; Roland Recht, pour les Inscriptions et Belles-Lettres, « L'art et la guerre » ; Pierre Nora, pour l'Académie française, « La marque et la trace ».

Lors de cette séance mémorable, les roulements de tambour des gardes républicains et la sonnerie aux morts sont venus nous rappeler que, bien qu'immortels, nous ne sommes pas éternels.

Table

DU MÊME AUTEUR
CHEZ ODILE JACOB

Georges Cuvier. Anatomie d'un naturaliste, 2019.
Georges Cuvier. Naissance d'un génie, 2006.
L'Empreinte des dinosaures, 1994.

Cet ouvrage a été imprimé sur du papier
dont les fibres de bois proviennent
de forêts durablement gérées

Cet ouvrage a été composé en Adobe Garamond Pro
par Nord Compo à Villeneuve-d'Ascq (Nord)

Cet ouvrage
a été achevé d'imprimer
sur les presses de la
Nouvelle Imprimerie Laballery
à Clamecy (58)
en septembre 2025

N° d'édition : 4150-1371-X – N° d'impression : 509099
Dépôt légal : octobre 2025

Imprimé en France